Galileo 科學大圖鑑系列

VISUAL BOOK OF
THE BIOLOGY
生物大圖鑑

人人出版

地球上有各式各樣的生物。

有像鬚鯨這樣的巨大生物，也有像細菌這樣的微生物。

如果將還沒發現的生物計算在內，

生物種類估計可達數千萬，甚至一兆。


不同的生物外觀有很大的差異，卻也有著共通部分。

那就是，生物皆由細胞構成。

細胞內的 DNA 帶著基因。

無論是僅由一個細胞構成的草履蟲，還是由數十兆個細胞組成的人類，

都有同樣的細胞運作機制，是多麼不可思議的事情啊！


此外，像人類體內的每個細胞

都含有相同的 DNA 資訊。

但有些會發育成眼睛，有些會發育成腦，

有些則會發育成皮膚細胞。


那麼，各種不同的細胞是如何形成的呢？

現在地球上可以看到許多不同的生物，

一般認為，這些生物是從共同的祖先「演化」而來的。

演化究竟是怎麼發生的呢？

美麗的孔雀羽毛，是如何演化出來的呢？


有些生物的個體會聚集成群體，

有些生物會彼此競爭資源。

生活在自然界的生物間存在多種關係。

生物間有哪些「交互作用」？

我們又可由這些交互作用瞭解到什麼呢？

這些交互作用與環境合稱「生態系」。


這本書將會從「生物」這個點入門，

並逐漸拓展讀者自身的眼界，

還有對地球環境問題的意識。

請盡情享受生物學這個深奧又有趣的世界！

# VISUAL BOOK OF THE BIOLOGY 生物大圖鑑

## 0 生物學入門

| | |
|---|---|
| 生物學 | 008 |
| 廷伯根的四個為什麼 | 010 |
| 系統樹 | 012 |
| 分類與學名的規則 | 014 |
| 三域系統 | 016 |
| 病毒 | 018 |
| COLUMN 分子生物學 | 020 |

## 1 細胞的世界

| | |
|---|---|
| 細胞 | 024 |
| 細胞膜 | 026 |
| 真核細胞 ① | 028 |
| 真核細胞 ② | 030 |
| 細菌與古細菌 | 032 |
| 呼吸 | 034 |
| ATP | 036 |
| 發酵 | 038 |
| 化學合成 | 040 |
| 訊號傳遞 | 042 |
| 細胞分裂 | 044 |
| 細胞死亡 | 046 |

## 2 個體的運作機制

| | |
|---|---|
| 卵與精子，受精 | 050 |
| 分化 | 052 |
| 發生 | 054 |
| 同源基因 | 056 |
| 循環 | 058 |
| 血液 | 060 |
| 免疫 | 062 |
| 恆定性 | 064 |
| 神經細胞 ① | 066 |
| 神經細胞 ② | 068 |
| 激素 | 070 |
| 營養與消化 | 072 |
| 植物體 | 074 |
| COLUMN 天生或後天的行為 | 076 |

## 3 遺傳與基因

| | |
|---|---|
| 遺傳 | 080 |
| 孟德爾定律 | 082 |
| 染色體 | 084 |
| 有絲分裂與減數分裂 | 086 |
| DNA | 088 |
| 鹼基對 | 090 |
| 中心法則 | 092 |
| 轉錄與mRNA | 094 |
| 剪接 | 096 |
| 密碼子與遺傳密碼 | 098 |
| 基因表現的調控 | 100 |
| 蛋白質與酵素 | 102 |
| 基因體 | 104 |
| COLUMN 聚合酶連鎖反應 | 106 |

## 4 生殖與性別

生殖方式 110
無性生殖 112
有性生殖 114
性別決定 116
SRY 基因 118
性別轉換 120
性別的優勢 122
COLUMN 基因重組蚊 124

## 5 演化的原理

演化 128
哈溫平衡 130
突變 132
天擇 134
性擇 136
遺傳漂變 138
基因流動 140
達爾文的《物種起源》 142
適應輻射 144
基因家族 146

## 6 生物的社會

群聚 150
認知與解題 152
配偶制度 154
領域 156
總括適應度與親緣選擇 158
栽培・畜牧 160
授粉與種子散布 162
互利共生・片利共生 164
寄生 166
植物的環境反應 168
生態系 ① 170
生態系 ② 172
生物多樣性 174
全球暖化 176
滅絕漩渦 178
COLUMN 地下生物圈 180

## 7 生命的歷史

化學演化 184
細胞的起源 186
RNA 世界假說 188
藍菌 190
細胞內共生學說 192
寒武紀大爆發 194
大滅絕與繁榮 196
人類 198

基本用語解說 200
索引 202

# 0

# 生物學入門
Welcome to biology

# 生物的種類繁多，但生物學只有一個

地球是擁有生物的行星。不只陸地上有生物，從天空到深海都棲息著各種不同的生物。譬如周圍就可以看到貓、狗，水槽裡游泳的魚、盆栽裡的植物、蒼蠅、蚊子等等。生物並非只侷限於肉眼可見，例如人的體內或皮膚表面，就存在著100兆個以上的細菌。

生物的外型與生活方式十分多樣。要理解如此多樣複雜的生物世界，似乎不是件容易的事。不過，與生物有關的知識與理論，都整合於「生物學」（biology）這門學問中。儘管種類繁多，生物之間是有共通之處的。

紅水母
（刺胞動物）

## 各種多樣性

生物的多樣性（diversity）不是只有「生物種類繁多」這個意義。生物多樣性可以分為「物種多樣性」、「基因多樣性」、「生態系多樣性」的三種觀點。這三種多樣性彼此間也有著複雜的關係（詳見第174頁）。

糸卷海星
（棘皮動物）

### 物種多樣性

地球上已命名的生物有200萬種以上。若把尚未發現的生物也加進來，物種數可達數千萬，甚至一兆。

### 基因多樣性

同一物種內的不同個體，基因也會有些差異。

地球上每個地方的氣候與環境不同，各自棲息著適應當地的生物。

### 生態系多樣性

蕨
（羊齒植物）

鳳蝶
（節肢動物）

毒蠅傘
（擔子菌）

麝香百合
（被子植物）

雪鴞
（脊椎動物・鳥類）

巨蚺
（脊椎動物・爬行類）

箭毒蛙
（脊椎動物・兩生類）

赤子愛勝蚓（環節動物）

深海鮟鱇
（脊椎動物・魚類）

大腸桿菌
（細菌）

真蛸
（軟體動物）

團藻
（綠藻植物）

人
（脊椎動物・哺乳類）

# 為什麼一到春天，鳥就開始鳴叫？

**研** 究生物學有很多切入的角度。譬如本頁照片是到了春天就會開始鳴叫的雲雀。春天一到，就會有許多鳥開始鳴叫。究竟「為

什麼」會這樣呢？

要回答這個「為什麼」，必須先回答下圖由荷蘭的科學家廷伯根（Nikolaas Tinbergen，

## 機　制

這個行為
由什麼機制產生？

舉例來說，鳥的鳴叫行為是由腦、神經系統、發聲器官產生。鳥的腦可以感覺到春季的到來，接著透過神經系統，指揮發聲器官發出聲音。

## 發　展

在成長過程的哪個階段，
這個行為會開始發展起來？

舉例來說，鳥並不是一出生就能發出好聽的鳴叫。而是從幼時就開始聆聽成鳥的鳴叫，「學習」這樣的行為，經過多次練習後，才能發出好聽的鳴叫。

1907～1988）提出的四個問題，這些問題又稱為「廷伯根的四個為什麼」。

　　舉例來說，鳥又沒有日曆，為什麼知道現在是春天？鳥的鳴叫是為了吸引異性嗎？還是個體間的溝通呢？

　　四個問題是彼此獨立的內容，就算回答了其中一個問題，也沒辦法像是挖出一串番薯一樣，同時解答其他問題。「鳥會在春天鳴叫」這個行動的因素，並不是只有一個。

　　試著思考看看，身邊的生物「為什麼」會做出某些行為。思索這些問題就是生物學入門的第一步。

## 為了找出答案的「廷伯根的四個為什麼」

為什麼動物會做出某些行為呢？若要究其原因，可以從以下四個方向來思考，分別是「近因」（proximate factor，左頁的兩個）及「遠因」（ultimate factor，右頁的兩個）。「近因」是與該行為直接相關的因素；「遠因」則是與生存與繁殖有關的因素。

### 功　能

這個行為在生存或生殖上有什麼幫助？

譬如鳥的鳴叫就有吸引異性的功能。另外也有主張自己「領域」的功能。

### 演　化

這個行為在演化上有什麼意義？

有些鳥會鳴叫，有些鳥則不會。在鳥的演化過程中，何時出現鳴叫的行為？另外，鳥是恐龍殘存的後代，那麼恐龍的時代也有會鳴叫的動物嗎？

# 表示生物演化歷史的「系統樹」

在生物的演化過程中，會產生許多不同的物種。而「系統樹」（又稱為親緣關係樹或種系發生樹）可表示這些物種在演化過程中的分歧方式。有些系統樹的過去到現在是由下而上，有些則是由左而右（如下圖）。系統樹主要依據生物的形態及DNA資訊而建立。

系統樹有許多「分歧點」。多數情況下，分歧點會分岔出兩個不同方向的演化分枝。而位於分歧點上的物種，則代表這兩個演化分枝之生物群（譬如下圖中的黑猩猩與人）的「共同祖先」。

位於系統樹末端的生物群，其排列順序並不代表「演化的順序」。也就是說，這個系統樹並不代表「人類由黑猩猩演化而來」，而是代表「黑猩猩與人類有共同祖先」。

這點在有更多種分類群的系統樹中也是一樣。右頁圖為脊椎動物的演化歷史，然而這個系統樹並不代表「哺乳類由魚類演化而來」，也不代表「哺乳類是最後演化出來的分類」，而是代表「哺乳類是從共同祖先A演化出來的動物中，會用乳汁哺育幼兒的動物」。

---

**系統樹可以畫成垂直，也可以畫成水平**

不管是垂直的系統樹，還是水平的系統樹，意義都相同。圖中的圓圈稱為分歧點，代表共同祖先。以右方的水平系統樹為例，即使以分歧點為中心，將分支上下對調，改變黑猩猩與人的位置關係，也不會改變其意義。對調前還是對調後的系統樹都代表著「黑猩猩與人類都是由共同祖先演化而來」。

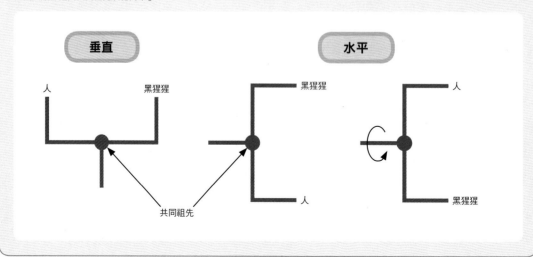

# 脊椎動物的系統樹

這張圖中列出了「脊椎骨」、「乳汁」等共同祖先擁有的特徵（共衍徵）。哺乳類是這張圖的最後一個分支，不過即使以共同祖先H為支點，交換爬行類與哺乳類的位置，這個系統樹的意義仍相同。對其他共同祖先來說也一樣。

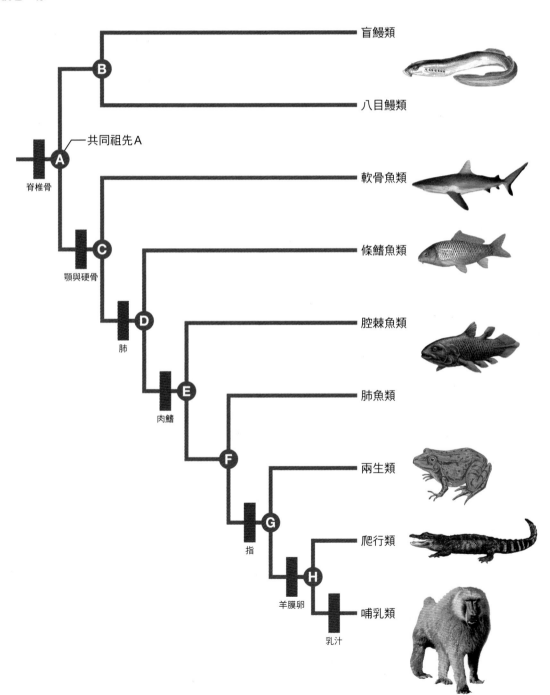

盲鰻類

八目鰻類

共同祖先A

脊椎骨

軟骨魚類

條鰭魚類

顎與硬骨

腔棘魚類

肺

肺魚類

肉鰭

兩生類

指

爬行類

羊膜卵

哺乳類

乳汁

分
類
與
學
名
的
規
則

# 生物的分類方式，以及學名的規則

**種**、屬、科等分類階層，稱為「分類群」（taxon），其分類體系如右圖所示。

分類群並非自然存在，而是人為訂定的階層。在DNA分析方法普及以前，因為生物學家主要依據生物形態來分類，就常出現生物分類（學名）與演化上的關係不一致的情況。若要表示各個分類群在演化上的關係時，則會運用到「系統樹」。

另外，生物學名由兩個單字組成，稱為「二名法」。二名法是由分類學之父林奈（Carl von Linné，1707～1778）提出。第一個字是屬名，第二個字是種小名。

虎的學名是「*Panthera tigris*」。*Panthera* 是「豹屬」的意思，這個學名表示虎是豹屬中名為 *tigris* 的種。

擁有相似特徵的屬會分在同一「科」，豹屬是貓科的一個分類群。除了豹屬之外，貓科還有 *Felis*（貓屬），譬如家貓（*Felis catus*）就是貓屬的一個種。另外，為了與一般敘述文字做出區別，通常會以斜體表示學名，而屬名第一個字母須大寫。

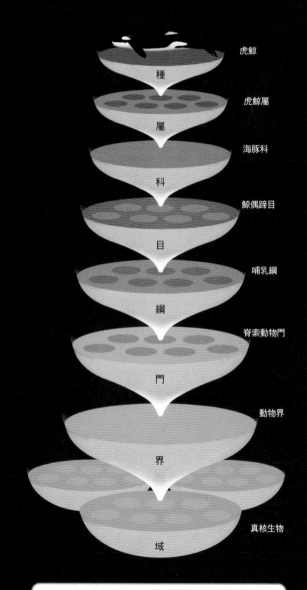

虎鯨
種

虎鯨屬
屬

海豚科
科

鯨偶蹄目
目

哺乳綱
綱

脊索動物門
門

動物界
界

真核生物
域

**虎鯨在生物分類體系中的位置**

上圖為林奈分類體系。生物分類群由小到大依序為種、屬、科、目、綱、門、界，而虎鯨的分類群即「哺乳綱、鯨偶蹄目、海豚科、虎鯨屬、虎鯨」。

# 學名的命名方式

以貓科動物為例，學名的命名如下圖所示。獅、豹、虎同為豹屬。「虎」這個名字是中文的俗名，僅在中文圈通用，學名則是世界通用的名字。

虎

*Panthera*　*tigris*

| 屬名 | 種小名 |
|---|---|
| （首字母大寫） | （全部小寫） |

獅

*Panthera　leo*

豹

*Panthera　pardus*

和虎同屬

家貓

*Felis　catus*

和虎不同屬
（親緣度較低）

# 生物可大致分類為「細菌」、「古細菌」、「真核生物」

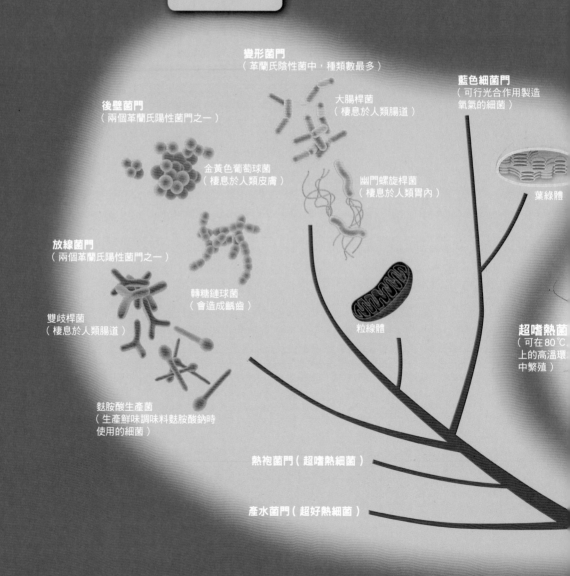

**細菌**

**變形菌門**
（革蘭氏陰性菌中，種類數最多）

**藍色細菌門**
（可行光合作用製造氧氣的細菌）

**後壁菌門**
（兩個革蘭氏陽性菌門之一）

大腸桿菌
（棲息於人類腸道）

金黃色葡萄球菌
（棲息於人類皮膚）

幽門螺旋桿菌
（棲息於人類胃內）

葉綠體

**放線菌門**
（兩個革蘭氏陽性菌門之一）

轉糖鏈球菌
（會造成齲齒）

粒線體

雙歧桿菌
（棲息於人類腸道）

**超嗜熱菌**
（可在80℃以上的高溫環境中繁殖）

麩胺酸生產菌
（生產鮮味調味料麩胺酸鈉時使用的細菌）

**熱袍菌門（超嗜熱細菌）**

**產水菌門（超好熱細菌）**

生 物大致可劃分成三個域（domain）。前頁中，以虎鯨為例說明生物的分類，而「域」就是最下方的分類。

　　三個域分別是「細菌」（bacteria）、「古細菌」（archaea）、「真核生物」（eukaryote）。真核生物包括動物、植物、真菌，以及各種原生生物。將這三個域的生物繪成系統樹時，可得到下方的插圖。1990年，美國微生物學家烏斯（Carl Woese，1928～2012）提出了這個系統關係。「核糖體」是每種生物都擁有的蛋白質合成裝置（參考第92頁），烏斯比較不同生物之核糖體內的「rRNA」，推測各種生物間的親緣關係，再依此為生物分類。下圖中，越往上的生物越晚出現。

　　關於細胞的種種，將在下一章中說明。

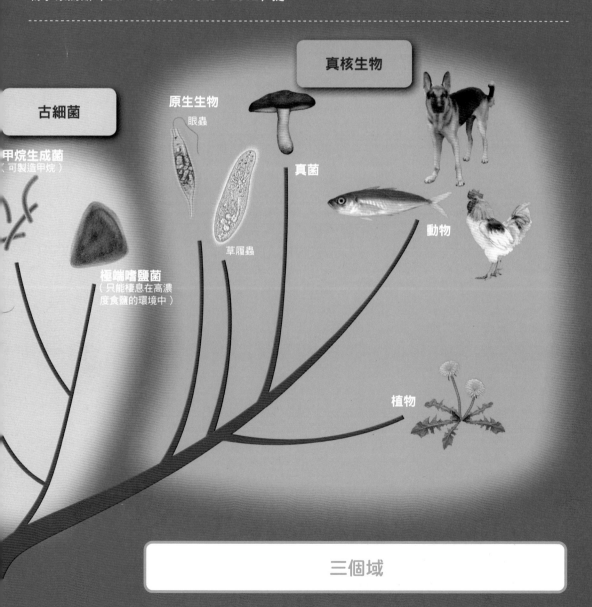

古細菌

甲烷生成菌
（可製造甲烷）

極端嗜鹽菌
（只能棲息在高濃度食鹽的環境中）

原生生物
眼蟲

草履蟲

真核生物

真菌

動物

植物

三個域

這是三個域的系統樹。一般認為，所有生物的共同祖先在演化的過程中，先分出了細菌域，接著再分出古細菌與真核生物。與細菌之間的親緣關係相比，古細菌與真核生物之間的親緣關係比較接近。

有生物的
同祖先

# 病毒是生物還是非生物？

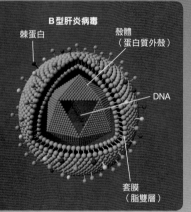

## 病毒的基本結構

所有病毒都會將遺傳資訊記錄在DNA或RNA等核酸分子上，再用由蛋白質組成的「殼體」包裹起來。殼體外有一層稱為「套膜」的膜狀結構（脂雙層），以及名為「棘蛋白」的突起結構。

**B型肝炎病毒**

棘蛋白

殼體（蛋白質外殼）

DNA

套膜（脂雙層）

## 噬菌體

感染細菌的病毒。「噬」是「吃掉」的意思。插圖是感染大腸桿菌的「T4噬菌體」示意圖。高度約為200奈米。

## 擬病毒

約有400奈米大，比已知最小的細菌「黴漿菌」還要大，所以剛發現時將它當成是細菌。和過去的病毒、黴漿菌相比，擬病毒擁有大量遺傳資訊，就像細菌「在模仿病毒」一樣，命名時在病毒前面加上mimic（擬似的）。是顛覆「病毒都很小、很單純」常識的病毒。

## 圓環病毒

部分圓環病毒會感染鳥類。大小約為20奈米，是相當小的病毒。擁有正20面體的外殼（殼體）。

前 頁的系統樹中還缺了一個東西，那就是「病毒」。直到現在，一般仍不會把病毒歸類為生物。為什麼呢？

生物可透過細胞分裂自我增殖。但病毒沒辦法獨立繁殖，必須寄生在宿主細胞內才能繁殖。許多科學家因為這點，不把病毒視為生物。然而被當成生物的細菌中，也存在著「披衣菌」（chlamydia）這種無法製造ATP

（參考第36頁），需寄生在宿主細胞內才能繁殖的物種。

另外，病毒可以像細胞那樣「自我複製」。而自我複製是生物的定義之一，因此有些科學家認為將病毒視為生物，其實也有它的道理。

## 病毒的繁殖方式

病毒的遺傳物質可以是 DNA 或 RNA（將在第 3 章中說明 DNA 與 RNA）。只有病毒可以用 RNA 做為遺傳物質。下方示意圖中的 1 ～ 4 是反轉錄病毒利用宿主細胞的系統複製自身的過程。

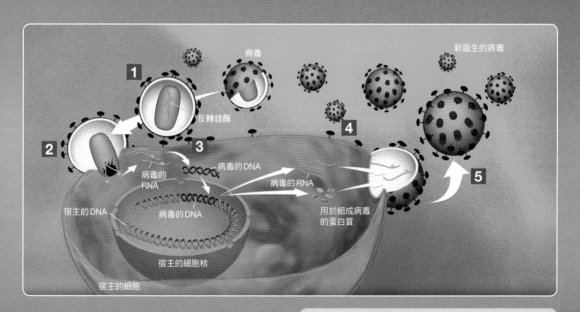

病毒

新誕生的病毒

**1**

反轉錄酶

**2**

**3**

**4**

**5**

病毒的RNA

病毒的DNA

病毒的RNA

宿主的DNA

病毒的DNA

用於組成病毒的蛋白質

宿主的細胞核

宿主的細胞

1 附著在宿主細胞上

2 將RNA與反轉錄酶注入宿主細胞

3 反轉錄酶以RNA為模板製造出DNA，再插入宿主DNA內

4 由病毒DNA製造出構成病毒的蛋白質

5 將構成病毒的蛋白質組合成新的病毒，離開宿主細胞

# COLUMN
# 人和岩石都由
# 原子構成

**不** 管是人還是岩石，如果一直分解下去，最後都會得到「原子」。既然人和岩石都是　由原子構成，就應該遵守相同的物理定律。然而，有生命的人和無生命的岩石，卻有著完全不

### 生命也需遵從物理學定律

不管是人類這樣的生命體，或岩石那樣的物體，如果一直分解下去，最後都會得到原子。
生物體內的原子不會比較特別，適用相同的物理定律。

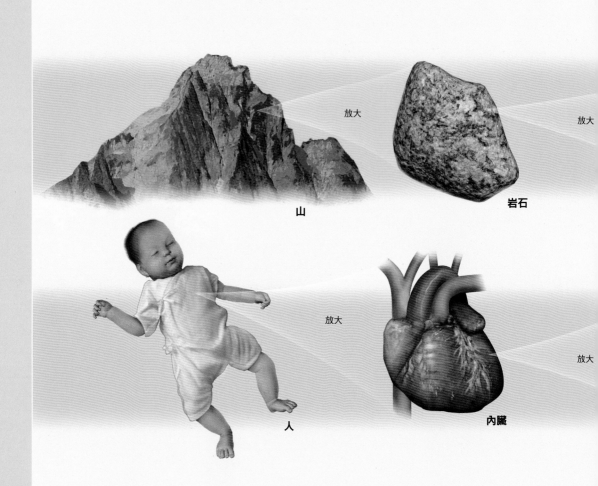

放大

放大

山

岩石

放大

放大

人

內臟

同的樣貌。

　　兩者的差異究竟從何而來呢？量子力學的創始人之一，奧地利知名物理學家薛丁格（Erwin Schrödinger，1887～1961）挑戰過這個問題。在1944年出版的《生命是什麼》一書中，嘗試用物理與化學的方式說明生命之謎，刺激了許多科學家的想像。

　　美國的分子生物學家華生（James Watson，1928～）也是其中一人。他在該書出版的 9 年後（1953年）發現DNA的雙螺旋結構。自此之後，近代生命科學便以「分子生物學」為核心急速發展。

　　薛丁格出版這本書之後，已經過了半個世紀以上。儘管生命科學與物理學在這段時間發展迅速，但面對「生命是什麼」這個問題，仍無法得到明確的答案。

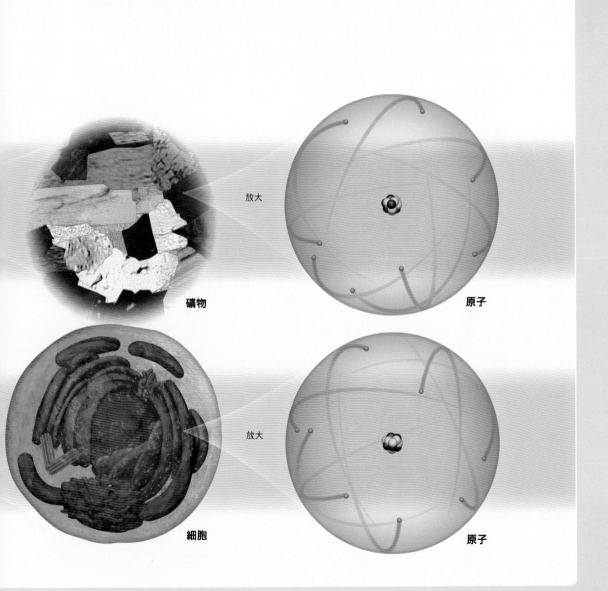

放大

礦物

原子

放大

細胞

原子

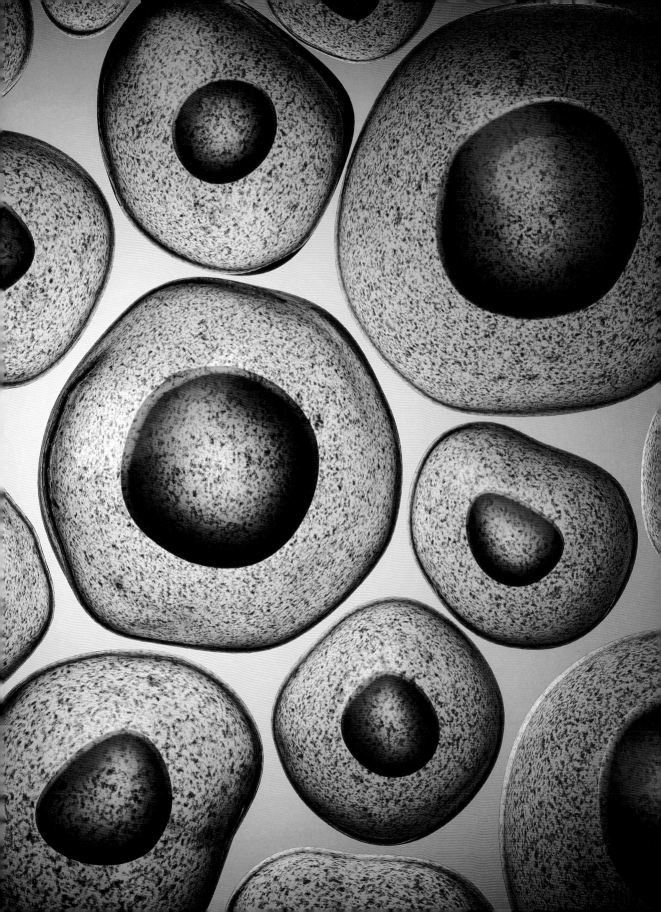

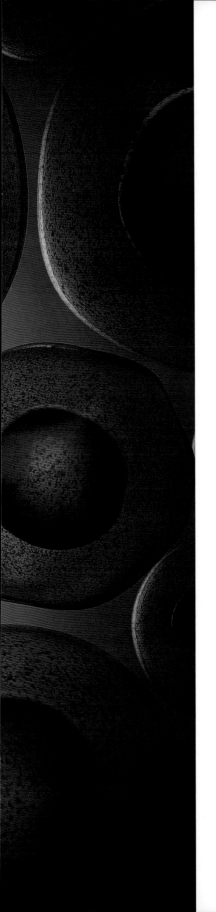

# 1

# 細 胞 的 世 界

The world of cells

# 細胞以膜包裹著 DNA 等物質

細胞是生物的基本單位。細菌、古細菌、真核生物等三個域的生物，都是由細胞所構成的。

所有細胞的共通點包括：①有內外之分；②可回應周遭的刺激，從外界取得營養；③可複製出與自身相同的細胞。

細菌、古細菌、真核生物的細胞結構各有巧妙不同，這裡以動物細胞為範例，繪出細胞結構的示意圖。

人類於17世紀時發現細胞的存在。英國科學家虎克（Robert Hooke，1635～1703）用自己組裝的顯微鏡觀察軟木塞，並畫下軟木塞細胞（其實是細胞壁）的素描，成為史上創舉。進入19世紀時，開始有人認為所有生物都是由細胞構成。次頁起將詳細說明細胞的各種結構。

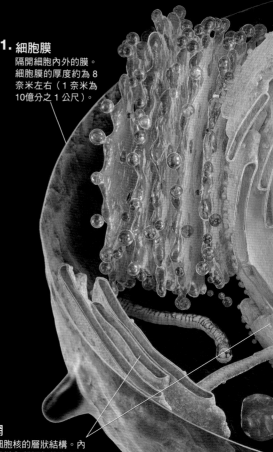

**1. 細胞膜**
隔開細胞內外的膜。細胞膜的厚度約為 8 奈米左右（1 奈米為 10億分之 1 公尺）。

**5. 內質網**
包圍住細胞核的層狀結構。內質網（粗糙內質網）的表面有許多「核糖體」，是合成蛋白質的工廠。內質網（平滑內質網）多分布於細胞膜附近。

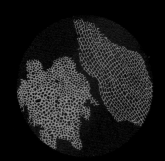

**虎克觀察到的軟木塞片**
上圖為虎克繪製的素描重現圖。左邊為軟木塞的橫剖面，右邊為軟木塞的縱剖面。虎克觀察到軟木塞內有無數個小洞，以拉丁語的「cellua」（小房間）將其命名為「cell」，這是細胞英文的由來。

## 動物細胞的「零件」

細胞的外型各有不同，這張示意圖中描繪的是真核生物，特別是動物細胞共通的胞器。每種細胞的大小各有不同，不過就人類而言，大多數的細胞在數十微米左右（1 微米為百萬分之 1 公尺）。

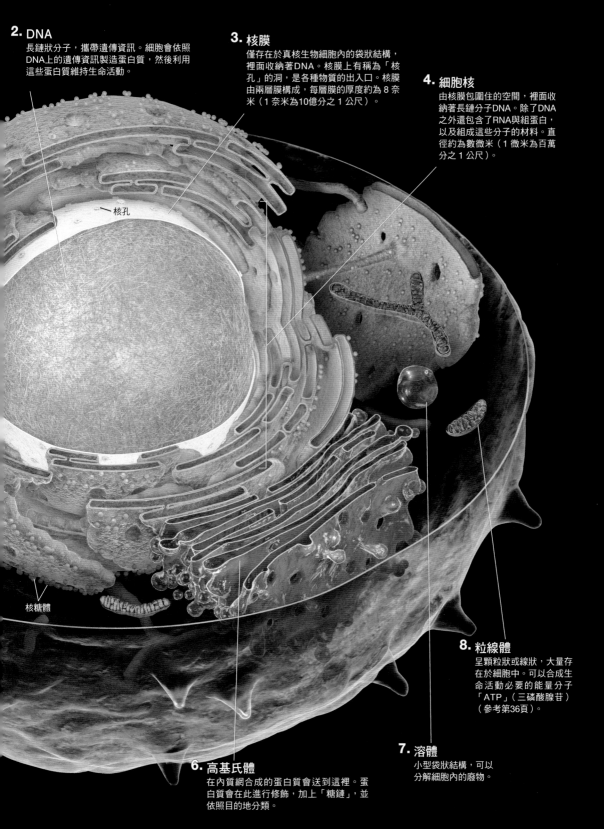

**2. DNA**
長鏈狀分子，攜帶遺傳資訊。細胞會依照DNA上的遺傳資訊製造蛋白質，然後利用這些蛋白質維持生命活動。

**3. 核膜**
僅存在於真核生物細胞內的袋狀結構，裡面收納著DNA。核膜上有稱為「核孔」的洞，是各種物質的出入口。核膜由兩層膜構成，每層膜的厚度約為 8 奈米（1 奈米為10億分之 1 公尺）。

**4. 細胞核**
由核膜包圍住的空間，裡面收納著長鏈分子DNA。除了DNA之外還包含了RNA與組蛋白，以及組成這些分子的材料。直徑約為數微米（1 微米為百萬分之 1 公尺）。

核孔

核糖體

**8. 粒線體**
呈顆粒狀或線狀，大量存在於細胞中。可以合成生命活動必要的能量分子「ATP」（三磷酸腺苷）（參考第36頁）。

**7. 溶體**
小型袋狀結構，可以分解細胞內的廢物。

**6. 高基氏體**
在內質網合成的蛋白質會送到這裡。蛋白質會在此進行修飾，加上「糖鏈」，並依照目的地分類。

# 分隔細胞內外的「細胞膜」

**細**胞膜包裹著細胞，分隔細胞內外。此外，細胞膜也是管理各種物質出入細胞的地方。

下圖是細胞膜放大後的情形。

要是細胞內的物質能夠隨便進出的話，細胞就沒辦法活下去。相對的，要是所有物質都沒辦法進出細胞的話，細胞也活不下去。因此，細胞膜上嵌著許多「僅讓特定物質通

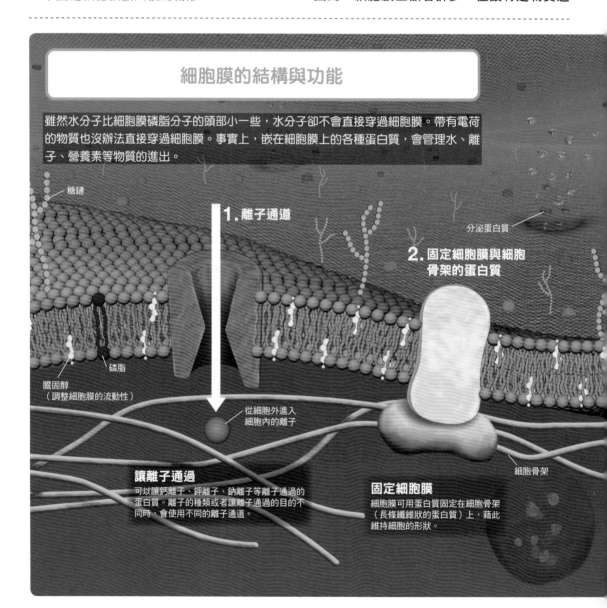

## 細胞膜的結構與功能

雖然水分子比細胞膜磷脂分子的頭部小一些，水分子卻不會直接穿過細胞膜。帶有電荷的物質也沒辦法直接穿過細胞膜。事實上，嵌在細胞膜上的各種蛋白質，會管理水、離子、營養素等物質的進出。

糖鏈

**1. 離子通道**

分泌蛋白質

**2. 固定細胞膜與細胞骨架的蛋白質**

磷脂

膽固醇
（調整細胞膜的流動性）

從細胞外進入
細胞內的離子

細胞骨架

**讓離子通過**
可以讓鈣離子、鉀離子、鈉離子等離子通過的蛋白質。離子的種類或者讓離子通過的目的不同時，會使用不同的離子通道。

**固定細胞膜**
細胞膜可用蛋白質固定在細胞骨架（長條纖維狀的蛋白質）上，藉此維持細胞的形狀。

過」的裝置。譬如圖中①的「離子通道」（ion channel）受刺激後會打開，讓特定的離子通過。通過的離子具有活化蛋白質，或者改變細胞內外的電位平衡等功能。

除此之外，細胞膜還有許多功能。③ 的「運輸蛋白」（transport protein）可以和特定物質結合，改變自身結構，使其通過細胞膜。④ 的「受體」（receptor）可以和訊號傳遞物質結合，接收來自外部的訊號，將訊號傳遞至細胞內部。為了維持細胞膜的形狀，某些細胞膜上的蛋白質 ②，會與細胞內的細胞骨架結合，或者與相鄰的細胞接著在一起。

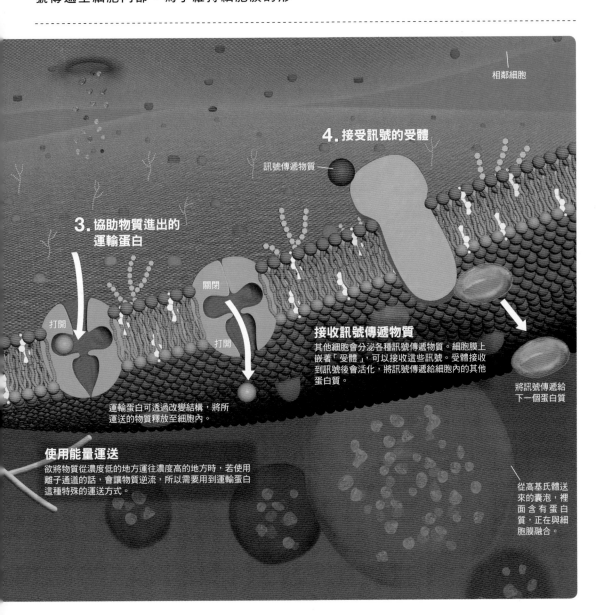

相鄰細胞

**4. 接受訊號的受體**

訊號傳遞物質

**3. 協助物質進出的運輸蛋白**

關閉

打開

打開

運輸蛋白可透過改變結構，將所運送的物質釋放至細胞內。

**接收訊號傳遞物質**
其他細胞會分泌各種訊號傳遞物質。細胞膜上嵌著「受體」，可以接收這些訊號。受體接收到訊號後會活化，將訊號傳遞給細胞內的其他蛋白質。

將訊號傳遞給下一個蛋白質

**使用能量運送**
欲將物質從濃度低的地方運往濃度高的地方時，若使用離子通道的話，會讓物質逆流，所以需要用到運輸蛋白這種特殊的運送方式。

從高基氏體送來的囊泡，裡面含有蛋白質，正在與細胞膜融合。

# 大小形狀各有不同的 真核細胞

「**真**核細胞」可將遺傳資訊收納在「細胞核」內。相對於此,「原核細胞」雖然也擁有遺傳資訊,卻沒有明確的細胞核(請見第32頁)。包含人類在內的動物、草履蟲等原生生物的細胞,皆屬於真核細胞。

右上為動物細胞結構的示意圖,細胞實際的相對大小與形狀各有差異,如右下所示。譬如人類體內就含有肌肉細胞、血管細胞、神經細胞等,大小外型各不相同。雖然有很多種細胞,但大小都在0.01毫米左右。一個人約有37兆個細胞,如果排成一列,可達37萬公里。

另外,細菌這種僅由單一細胞構成的個體,稱為「單細胞生物」;而人類這種由多個細胞聚集而成的個體,稱為「多細胞生物」。不過,也有些生物的生命週期中有單細胞時期,也有多細胞時期,所以單細胞生物與多細胞生物的界線並不明確。

**草履蟲**
生活在水中的單細胞生物。細胞表面約有 2 萬根纖毛,草履蟲可用這些纖毛在水中泳動。大小約為0.2～0.3毫米。

**眼蟲**
生活在水中的單細胞生物。可用鞭毛運動,也可行光合作用。大小約為0.1毫米。

## 真核細胞的例子

圖為真核細胞的例子。由真核細胞構成的生物(真核生物)多為草履蟲之類的原生生物,大都是單細胞生物。

**鴕鳥蛋(未受精卵)**
在與精子相遇前的未受精卵階段,卵黃部分就是一個細胞。未受精卵是「生殖細胞」。鴕鳥蛋是動物界上最大的蛋,重量可達 2 公斤。

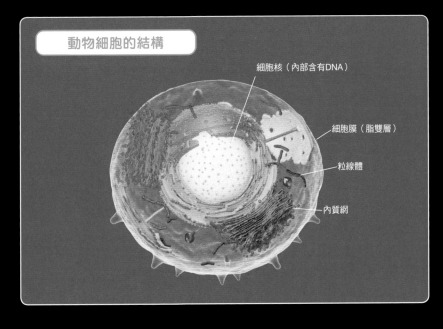

動物細胞的結構

細胞核（內部含有DNA）

細胞膜（脂雙層）

粒線體

內質網

**浦金耶細胞**
多細胞生物腦內的
一種神經細胞，可
在小腦中找到。

**神經元**
多細胞生物腦內的神
經細胞。有許多長長
的突起，可以和其他
神經細胞交換資訊。

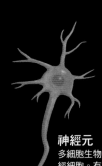

**纖維母細胞**
多細胞生物中的一種皮膚細胞。
可分泌膠原蛋白。

**淋巴球**
多細胞生物中的一種白血球，
在免疫系統中有重要功能。大
小約0.006～0.015毫米。

**嗜中性球**
多細胞生物中的一種白血球。可去
除體內病原體等有害物質。大小約
0.01毫米。

肌纖維

細胞核的剖面

**肌纖維（肌細胞）**
多細胞生物中構成肌肉的細胞。
肌纖維內部有成束的肌原纖維，
一個肌纖維（細胞）內含有多個
細胞核。

**紅血球**
多細胞生物中的
一種血液細胞，
可運送氧。大小
約0.008毫米。

細胞邊界

**血管內皮細胞**
構成多細胞生物的血管。插圖
為微血管。

# 擁有細胞壁，
# 行光合作用的真核細胞

有些真核細胞擁有「葉綠體」（chloroplast），可以行「光合作用」（photosynthesis），植物細胞就是其中的代表。

葉綠體是行「光合作用」的胞器。光合作用利用陽光的能量生產糖，並釋放出氧氣。

葉綠體如何進行光合作用呢？首先，葉綠體內的類囊體上有名為「葉綠素」的色素，可以將光能轉變成ATP等化學能，此時會產生副產品氧氣。接著，葉綠體會利用化學能，以二氧化碳為材料合成出糖。這個糖會用於有氧呼吸（第34頁）。

植物看起來之所以是綠色，是因為有葉綠素。葉綠素會吸收可見光中的藍光與紅光，將綠光反射出而不吸收。這些綠光抵達我們的眼睛，因此植物看起來是綠色的。

植物細胞還有另一個特徵，那就是「細胞壁」。細胞壁的主成分是「纖維素」，纖維素由 $\beta$-葡萄糖分子連接而成。細胞壁是支撐植物體的重要結構。

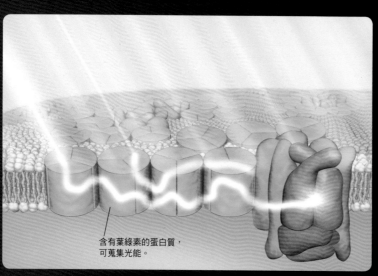

含有葉綠素的蛋白質，可蒐集光能。

### 蒐集光線的葉綠素

左圖為葉綠體類囊體的一部分。類囊體的膜上嵌著許多可接收光的葉綠素，這些葉綠素可將光轉換成能量，再用這些能量將二氧化碳、水等材料合成出糖。

**植物細胞**

植物細胞與葉綠體

下方為葉綠體的放大圖。葉綠體是
行光合作用的胞器，外圍由兩層緊
密相連的膜（外膜、內膜）包裹
著，裡面有名為「類囊體」的圓盤
狀結構，堆成一疊疊的型態（葉綠
餅）。照到光時，類囊體表面會以
光為能量來源，以二氧化碳及水為
材料，合成出糖和氧氣。

**粒線體**

**液胞**
充滿細胞液的胞器，是無機離子的貯藏
庫。花瓣的呈色色素就溶解在液胞內。

**細胞膜**

**細胞壁**
主成分為纖維素的堅固外壁。
有著支撐植物體的重要功能。

**細胞核**

**高基氏體**

**葉綠體**

**外膜**

**內膜**

**類囊體**
可利用光能製造ATP。

**葉綠餅**
堆成一疊疊的
類囊體。

**葉綠體基質**
葉綠體內的液體，是用ATP
合成出糖的地方。

# 細菌與古細菌
# 的結構相當單純

**不**同於動物、植物等真核生物的細胞，細菌和古細菌的細胞結構相當簡單，它們沒有核膜及胞器。這種沒有細胞核的細胞稱為「原核細胞」。一般認為，原核細胞先誕生，之後才演化成具有細胞核的「真核細胞」。

細菌與古細菌的結構非常的相似，細胞膜卻有很大的不同。細菌的細胞膜為脂雙層，古細菌的細胞膜卻是脂單層。而且，細菌細胞膜外側的細胞壁是由名為「肽聚醣」

（peptidoglycan）的分子構成，古細菌的細胞壁則多是由蛋白質、醣蛋白組成的「S層」，或者是由和肽聚醣很像的「假肽聚醣」（peudopeptidoglycan）構成。還有某些古細菌的細胞膜之外，並沒有細胞壁。

不管是細菌還是古細菌，越接近共同祖先的物種，通常也越能在高溫下生存。因此一般認為，地球上最初的生命很可能是在溫度非常高的熱水環境下誕生（詳見第184頁）。

## 細菌的結構

細胞壁（由肽聚醣組成）

細胞膜（脂雙層）

染色體

性線毛

線毛

質體

鞭毛

## 喜歡高溫環境的細菌

許多細菌棲息於溫泉中。其中，美國黃石國家公園的溫泉（如照片）就棲息著一種稱為「水生棲熱菌」（*Thermus aquaticus*）的細菌，這種細菌的酵素「Taq聚合酶」是現代生命科學中不可或缺的酵素。「PCR法」（聚合酶連鎖反應，見第106頁）就會用Taq聚合酶做為DNA聚合酶。在溫泉中生活的細菌，就是用這種能耐高溫的酵素來合成DNA，我們再把它應用在學術研究與醫療上。

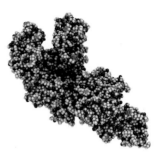

**Taq 聚合酶的結構**

## 古細菌的結構

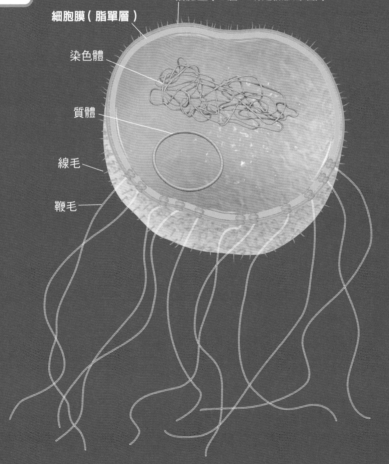

細胞壁（S層，或是假肽聚醣）

細胞膜（脂單層）

染色體

質體

線毛

鞭毛

# 細胞透過「呼吸」獲得能量

**為** 什麼人類需要呼吸呢？
身體可以透過呼吸獲得氧，而細胞可以利用氧獲得能量。

生物學將細胞獲得能量的機制稱為「呼吸」。不管是真核生物、細菌、古細菌，都需要透過呼吸來獲得能量。

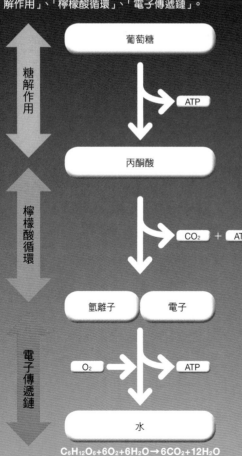

## 細胞會透過三種途徑產生能量

呼吸作用包含三種產生能量的途徑，分別是「糖解作用」、「檸檬酸循環」、「電子傳遞鏈」。

糖解作用

葡萄糖

ATP

丙酮酸

檸檬酸循環

$CO_2$ + ATP

氫離子　電子

電子傳遞鏈

$O_2$　　ATP

水

$$C_6H_{12}O_6+6O_2+6H_2O \rightarrow 6CO_2+12H_2O$$

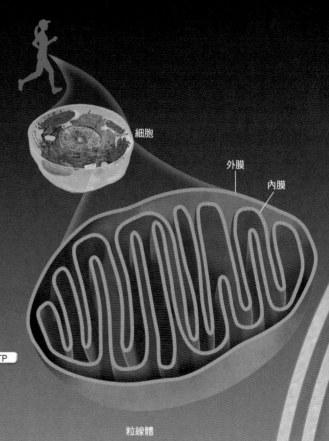

細胞

外膜

內膜

粒線體

## 細胞的呼吸作用

右圖為呼吸作用中各種物質的示意圖。ATP被稱為「能量的貨幣」，所以畫成了金幣的圖樣。

下圖為真核細胞的呼吸中，用氧呼吸（有氧呼吸）的機制。從食物獲得的葡萄糖（α-葡萄糖）進入細胞後，會透過三種途徑轉換成能量。

首先，在「糖解作用」中，葡萄糖會在細胞質液內分解成丙酮酸。接著丙酮酸會進入粒線體，加入「檸檬酸循環」，經過許多中間反應後，分解成二氧化碳。這時，「電子傳遞鏈」會利用電子與氫離子製造出細胞能直接使用的能量「ATP」。

下一頁中，將詳細說明製造ATP的機制。

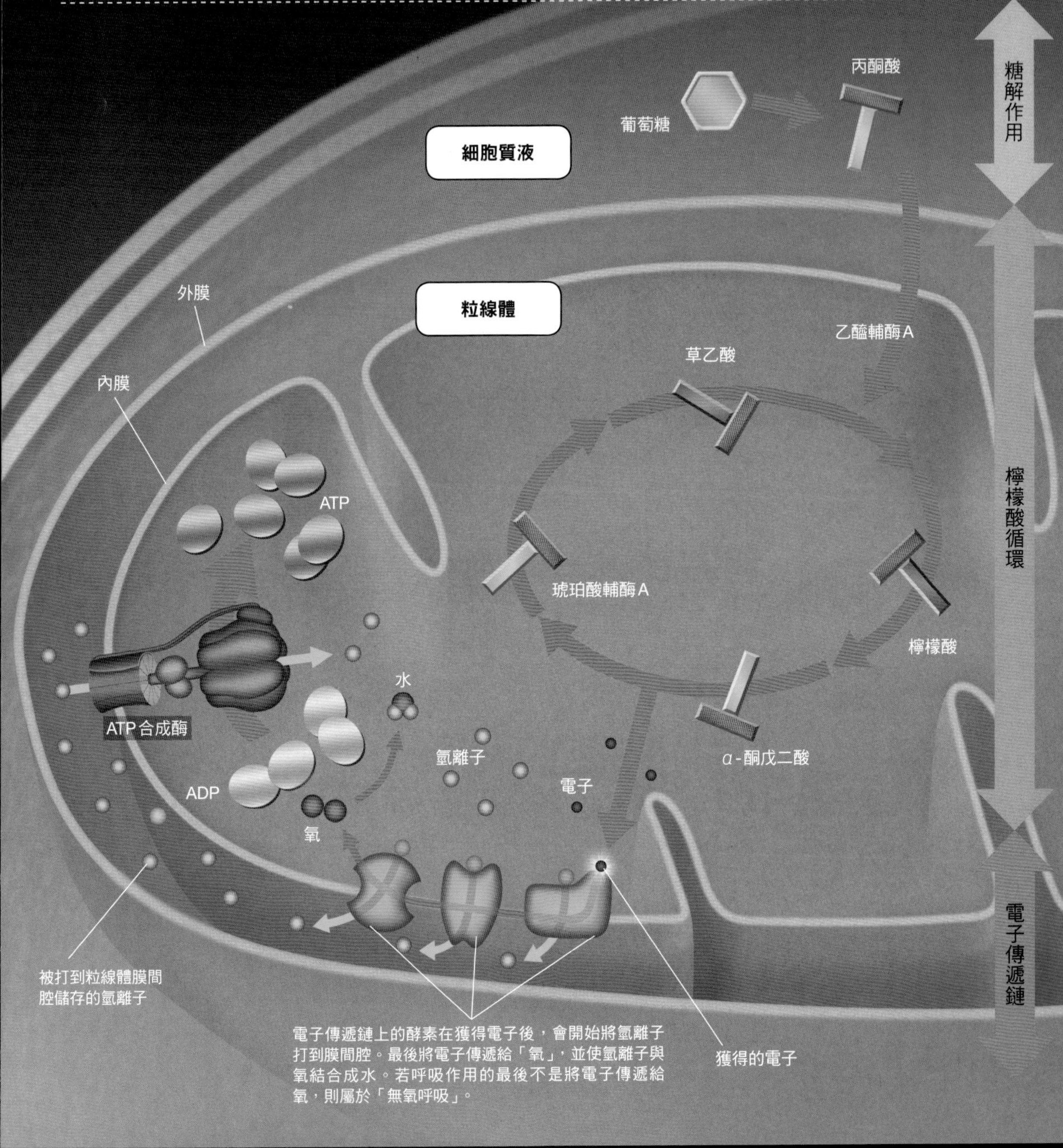

檸檬酸循環

糖解作用

電子傳遞鏈

丙酮酸

葡萄糖

**細胞質液**

**粒線體**

乙醯輔酶A

外膜

草乙酸

內膜

ATP

琥珀酸輔酶A

檸檬酸

ATP合成酶

水

氫離子

電子

α-酮戊二酸

ADP

氧

被打到粒線體膜間腔儲存的氫離子

電子傳遞鏈上的酵素在獲得電子後，會開始將氫離子打到膜間腔。最後將電子傳遞給「氧」，並使氫離子與氧結合成水。若呼吸作用的最後不是將電子傳遞給氧，則屬於「無氧呼吸」。

獲得的電子

# 粒線體是製造能量貨幣「ATP」的「發電機」

A TP的中文名為「三磷酸腺苷」。所有細胞都需透過ATP獲得活動所需的能量。因此，ATP除了當成能量的貨幣之外，也可當作蓄積能量的電池。

那麼，ATP是怎麼製造出來的呢？

下圖為前頁提到的粒線體「電子傳遞鏈」

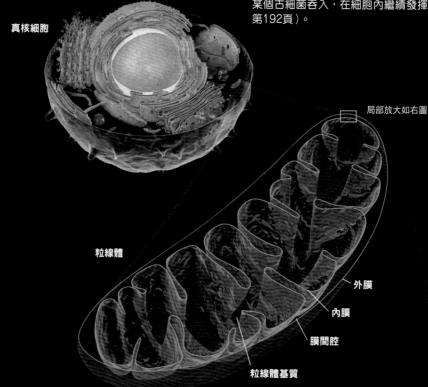

## 原本是獨立生物的粒線體

一般認為粒線體原本是獨立的生物（細菌），後來被某個古細菌吞入，在細胞內繼續發揮其功能（參考第192頁）。

真核細胞

局部放大如右圖

粒線體

外膜

內膜

膜間腔

粒線體基質

磷酸

### ATP（三磷酸腺苷）

一個ATP分子含有三個磷酸根，磷酸根脫離時會釋放出能量。製造ATP時需要用到氧，而製造ATP的過程中會產生二氧化碳。我們呼吸時獲得氧，排出二氧化碳，就是為了讓粒線體製造ATP。

ADP
（二磷酸腺苷）

的部分放大圖。粒線體內膜上的多種蛋白質，會將氫離子從內膜內側（粒線體基質）打出至膜間腔。於是膜間腔的氫離子濃度上升，這些氫離子就會想要再度回到濃度較低的粒線體基質。這時候，只有內膜上的「ATP合成酶」可做為氫離子的通道。ATP合成酶中，有一部分會像馬達一樣旋轉，此時旁邊的ADP（二磷酸腺苷）便會利用旋轉的動能，與磷酸結合，形成ATP。ATP合成

酶可透過旋轉運動改變能量的形式，就和發電機一樣。

另外，真核生物可藉由粒線體合成ATP。原核細胞則是透過細胞膜上的ATP合成酶來合成ATP。

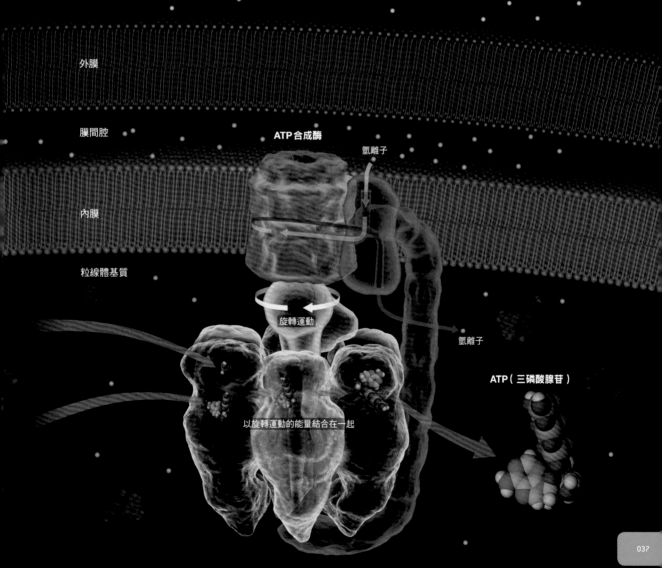

外膜

膜間腔

ATP合成酶

氫離子

內膜

粒線體基質

旋轉運動

氫離子

ATP（三磷酸腺苷）

以旋轉運動的能量結合在一起

# 「發酵」是另一種細胞獲得能量的機制

細胞「呼吸」時，透過電子傳遞鏈製造出大量能量貨幣ATP（第34～37頁）。除了這個機制之外，細胞還可以用另一種機制，以相對較低的效率製造ATP，那就是「發酵」。發酵作用中，細胞會將葡萄糖生成的丙酮酸轉換成乙醇或乳酸。酒和優格就

是透過真菌、細菌的發酵作用製成的產品。肌肉在缺乏氧的時候也會進行乳酸發酵。

酵母菌是可進行發酵作用，也可進行呼吸作用的生物，在我們的日常生活中扮演著重要角色。

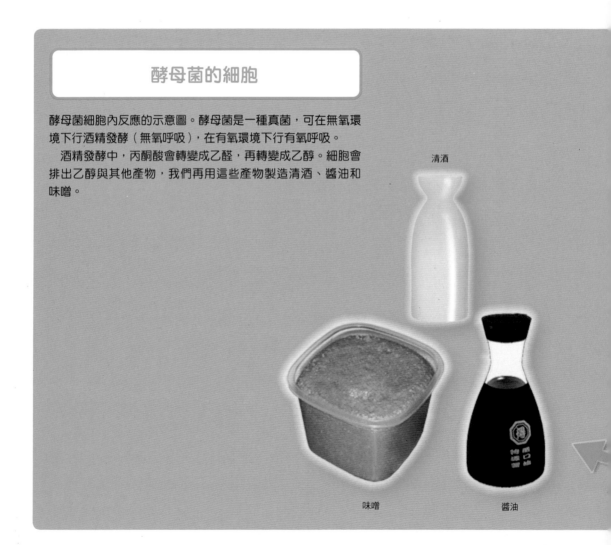

## 酵母菌的細胞

酵母菌細胞內反應的示意圖。酵母菌是一種真菌，可在無氧環境下行酒精發酵（無氧呼吸），在有氧環境下行有氧呼吸。

酒精發酵中，丙酮酸會轉變成乙醛，再轉變成乙醇。細胞會排出乙醇與其他產物，我們再用這些產物製造清酒、醬油和味噌。

清酒

味噌

醬油

## 專欄 COLUMN　為什麼麵團會膨脹？

酒精發酵的過程中會產生二氧化碳（$CO_2$）。製作麵包時，會將酵母菌加入麵團內，而麵團發酵過程中產生的二氧化碳，便會使麵包膨脹。

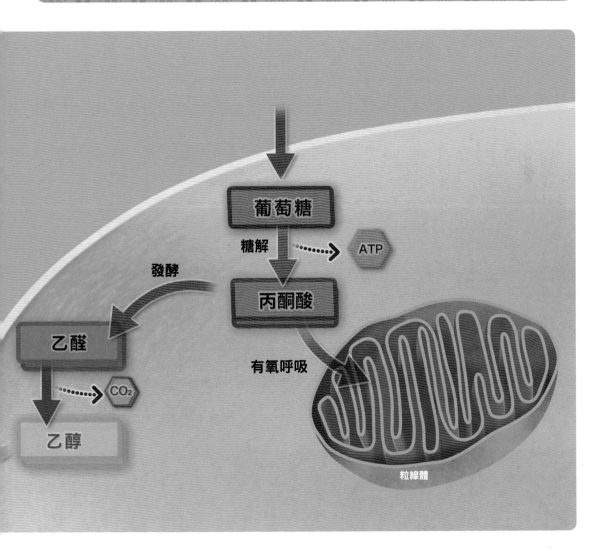

# 利用無機物製造有機物的細菌與古細菌

深 海中的「海底熱泉」（hydrothermal vent），會噴出接近300℃的熱水。在這個高溫、高壓、無光，幾乎沒有任何食物的嚴苛環境下，棲息著白瓜貝、管蟲與蝦蟹類等動物。這些動物能在此生存，是因為體內有特定的共生細菌。

海底熱泉噴出的熱水含有大量硫化氫、甲烷等無機物。動物體內的共生細菌可以利用這些無機物製造出有機物，這個過程稱為「化學合成」。製造出來的有機物可做為共生蝦蟹的養分。

海水中存在許多能進行化學合成的細菌與古細菌，可用無機物合成出有機物，提供養分給深海中的其他生物。

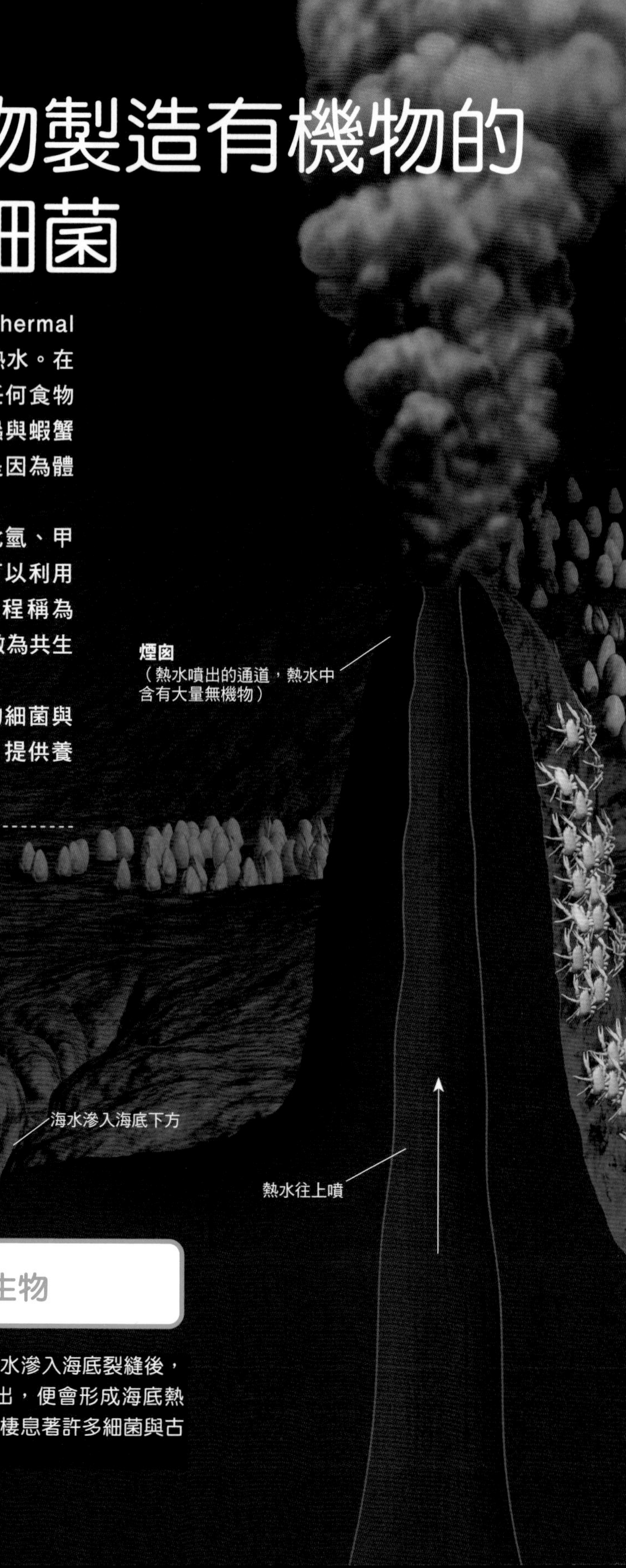

煙囪
（熱水噴出的通道，熱水中含有大量無機物）

海水滲入海底下方

熱水往上噴

## 棲息於深海中的生物

深海的海底熱泉與周圍生物的示意圖。海水滲入海底裂縫後，受到地下岩漿加熱，再度上升至海底噴出，便會形成海底熱泉。在這種高溫、高壓的極限環境中，也棲息著許多細菌與古細菌。

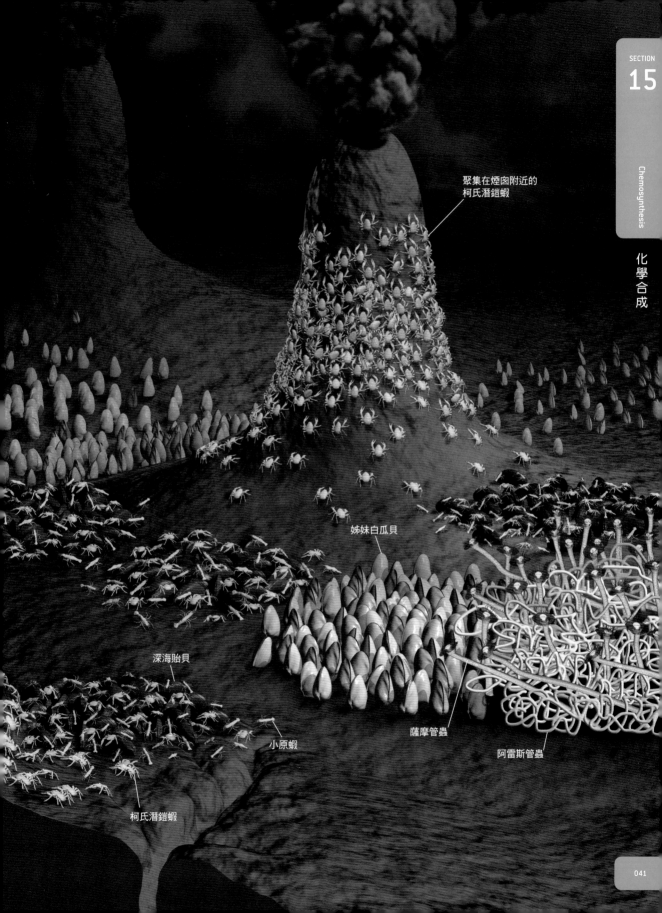

聚集在煙囪附近的
柯氏潛鎧蝦

姊妹白瓜貝

深海貽貝

小原蝦

薩摩管蟲

阿雷斯管蟲

柯氏潛鎧蝦

# 細胞內的酵素可迅速傳遞資訊

感 覺到危險而轉身逃跑時,體內或者說是細胞內,會迅速產生一連串的化學反應。

譬如肝臟細胞會立刻製造出逃跑的能量來源「葡萄糖」,透過血液供給全身。葡萄糖原本以「肝醣」(glycogen)的形式貯存在體內。肝醣分解成葡萄糖後,便能夠迅速提供能量。

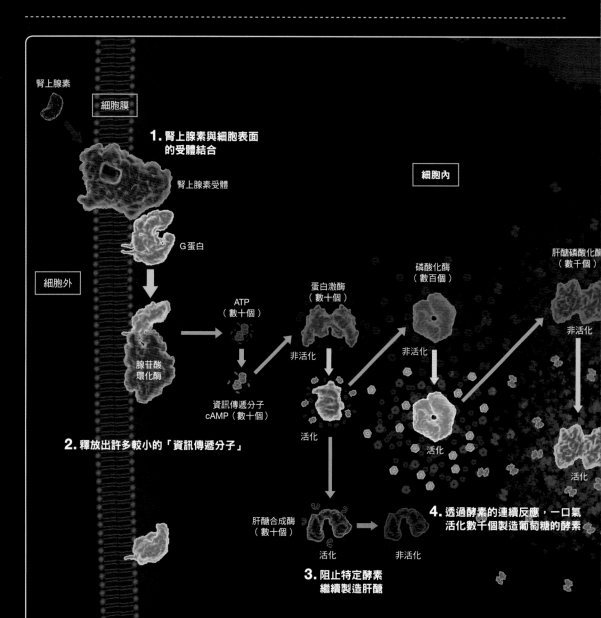

腎上腺素

細胞膜

**1.** 腎上腺素與細胞表面的受體結合

腎上腺素受體

細胞內

G蛋白

細胞外

ATP
(數十個)

蛋白激酶
(數十個)

磷酸化酶
(數百個)

肝醣磷酸化酶
(數千個)

腺苷酸環化酶

非活化

非活化

非活化

資訊傳遞分子
cAMP(數十個)

活化

活化

活化

**2.** 釋放出許多較小的「資訊傳遞分子」

肝醣合成酶
(數十個)

**4.** 透過酵素的連續反應,一口氣活化數千個製造葡萄糖的酵素

活化

非活化

**3.** 阻止特定酵素繼續製造肝醣

肝臟內有製造肝醣及分解肝醣的酵素。當身體突然需要大量葡萄糖的時候，肝臟就會阻止特定酵素繼續製造肝醣，並促進特定酵素開始分解肝醣。另外還會透過資訊傳遞系統的連續反應「一齊對大量酵素下指令」，其機制如下圖所示。

認知到危險時，身體會分泌「腎上腺素」。肝臟細胞接收到一個腎上腺素分子時（1），會製造出數十個資訊傳遞分子（2）。在第一階段中，用這數十個分子活化相關酵素，而

這數十個酵素分子會再活化數百個酵素分子（3），然後再活化數千個可分解肝醣的酵素分子（4），因此，這些酵素會一口氣分解許多肝醣（5），將數萬個葡萄糖分子迅速釋出至血液中（6）。

感覺細胞也會利用酵素傳遞資訊的機制，檢測氣味分子或光，再將其轉變成電訊號。

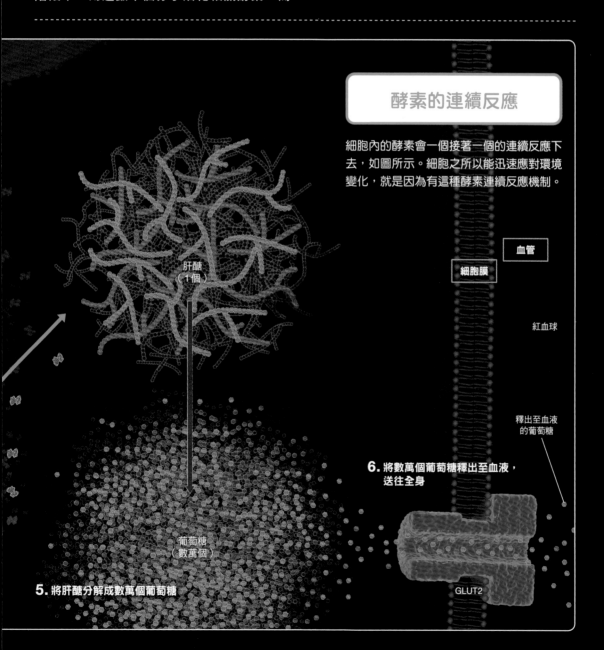

## 酵素的連續反應

細胞內的酵素會一個接著一個的連續反應下去，如圖所示。細胞之所以能迅速應對環境變化，就是因為有這種酵素連續反應機制。

血管

細胞膜

紅血球

釋出至血液的葡萄糖

**6.** 將數萬個葡萄糖釋出至血液，送往全身

肝醣（1個）

葡萄糖（數萬個）

**5.** 將肝醣分解成數萬個葡萄糖

GLUT2

# 細胞會透過
# 分裂增殖

**細** 胞會透過分裂的方式來增殖。

細胞這種增殖方式，必定會由一個變成兩個。不會發生一個細胞分裂成三或四個細胞的情況。

以動物細胞為例，看看實際的細胞分裂流程吧。如插圖所示，細胞分裂前，會先複製自身的遺傳資訊（DNA）（1）（複製過程請參考第86頁）。另外，「中心體」這個胞器也會變成兩個。

複製結束後，DNA會濃縮成染色體（2）。接著核膜與核仁消失（3），中心體會伸出許多稱為「微管」（或稱紡錘絲）的纖維，連接上染色體。在微管的拉扯下，染色體會一一排列在細胞中央附近（4）。

接著，兩個中心體分別往外側移動，同時縮短與染色體相連的微管，將染色體一分為二（5）。然後細胞膜出現凹陷（6），這個凹陷會越來越深，最後將細胞分成兩個基因資訊完全相同的細胞（7）。細胞分裂時，粒線體等胞器也會分別分配到兩個子細胞。

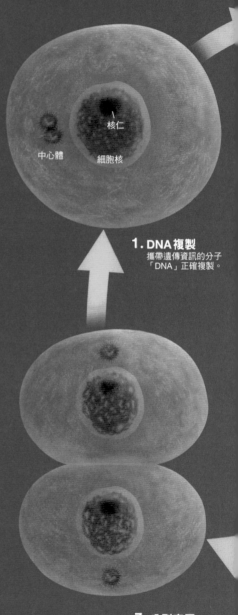

**1. DNA複製**
攜帶遺傳資訊的分子
「DNA」正確複製。

中心體　細胞核　核仁

**7. 分裂完畢**
細胞分裂完畢。接著這兩個細胞會增加自身的細胞質，準備下一次的分裂。

---

## 細胞分裂機制

圖為動物細胞（體細胞）分裂增殖的過程。這個過程中有幾個稱為「檢核點」的階段，在準備作業還不夠充分時，「檢核點」可防止細胞進入下一個階段。譬如在DNA複製還沒結束時，需防止DNA凝聚濃縮。因為有檢核點的存在，才能確保「DNA複製後正確平分給兩個細胞」的流程能順利完成。另外，不同種類的細胞，分裂時需要的時間也不一樣。舉例來說，人類小腸上皮細胞的分裂活動相當旺盛，大約每24小時就會分裂一次。

中心體分離

凝聚濃縮後的DNA（染色體）

## 2. DNA緊縮
DNA會凝聚並濃縮成方便移動的染色體。
另外，中心體也會彼此分離。

從中心體伸出的微管

成對的染色體

## 3. 核膜與核仁消失
核膜與核仁的成分四散，輪
廓漸漸消失。中心體會伸出
微管，連接上複製完成的染
色體對。

排列好的染色體
（仍以成對的形式）

## 4. 染色體排列在中央
在微管的作用下，染色體
排列在細胞中央附近。這
個階段中，染色體對仍舊
相連。

## 5. 染色體分配
微管將染色體對拉開，一分为
二。確實分開，才能將染色體
平均分配給分裂後的細胞。

## 6. 細胞出現凹陷
染色體分配完成後，細胞膜會開始產生凹陷。
這時候，纖維狀的蛋白質聚集在細胞膜內側，
形成「收縮環」，往細胞膜內側收縮。同時，細
胞會重新形成核膜。

凹陷

開始形成核膜

微管將染色體對拉開

# 細胞死亡的兩種形式

細胞遭受到熱力或是損傷等突發性的強烈刺激時，會物理性地停止生命活動。這種因為外因造成的細胞死亡，稱之為「壞死」（necrosis），可以看做是細胞的事故死亡。真核細胞壞死時，細胞的本體、粒線體等胞器會逐漸膨脹（1），使細胞膜破裂，流出內容物而死（2）。

另一方面，細胞有時會自行選擇死亡，稱為「程序性細胞死亡」。其中，學界研究最透徹的是「細胞凋亡」（apoptosis）。細胞凋亡時，細胞整體會萎縮，細胞核變形斷裂（1），將細胞內容物分成小袋（2），最後由負責清除廢物的「巨噬細胞」吞噬。

細胞凋亡是動植物成長時不可或缺的過程。以人類的手為例，在人類胎兒的初期階段，手指間有許多細胞相連。隨著胎兒的成長，這些不必要的細胞會逐漸死去，形成五根手指頭。另外像是植物導管（水的通道），也是由細胞凋亡後留下的空殼。近年來，學界在酵母菌、細菌等單細胞生物上也有發現細胞凋亡的現象，相關研究正在進行中。

## 細胞死亡的兩種形式

細胞可以修復自身DNA的損傷。但如果在某些原因下，使DNA修復的速度趕不上損傷速度的話，損傷部分的基因就沒辦法製造正常的蛋白質，使細胞功能出現異常。為了避免這種情況惡化，細胞會啟動細胞凋亡程序，除去基因異常的細胞。

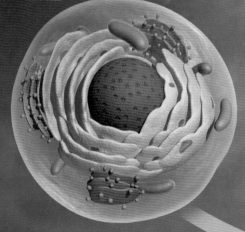

### 壞死

細胞受到熱力或損傷等突發性強烈刺激時，會物理性地停止生命活動，使細胞死亡。

正常細胞

### 細胞凋亡

個體成長過程中，為了處理掉不需要的細胞、DNA受損且無法修復的細胞，會基於遺傳資訊啟動細胞死亡。這些個體不需要，或者對個體有害的細胞，就會進入細胞凋亡過程。啟動細胞凋亡程序時，需活化多種蛋白質。

蝌蚪變態成青蛙時，尾巴會消失就是細胞凋亡所造成。

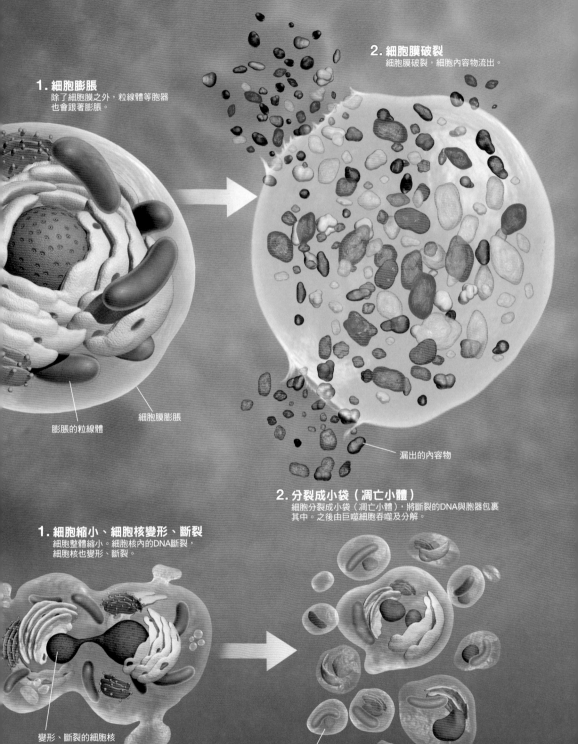

**1. 細胞膨脹**
除了細胞膜之外，粒線體等胞器
也會跟著膨脹。

膨脹的粒線體

細胞膜膨脹

**2. 細胞膜破裂**
細胞膜破裂，細胞內容物流出。

漏出的內容物

**2. 分裂成小袋（凋亡小體）**
細胞分裂成小袋（凋亡小體），將斷裂的DNA與胞器包裹
其中。之後由巨噬細胞吞噬及分解。

**1. 細胞縮小、細胞核變形、斷裂**
細胞整體縮小。細胞核內的DNA斷裂，
細胞核也變形、斷裂。

變形、斷裂的細胞核

凋亡小體

# 2

# 個體的運作機制
How the individual works

卵與精子，受精

# 只許一個精子進入卵中

本章將介紹動物個體的發生，以及維持的過程與機制。

個體開始於卵（亦稱為卵子）與精子的相遇，也就是「受精」。以人類為例，女性卵巢每個月會排出一個卵，若幸運地剛好碰上男性的精子，就會形成受精卵。

卵受精的地方位於女性的「輸卵管壺腹」。男性性器一次可釋放出數億個精子，然而能夠抵達壺腹的精子只有數百個，僅僅為精子總數的百萬分之一。而其中只有一個精子會使卵受精。精子進入卵的那個瞬間，覆蓋整個卵的膜（透明帶）會產生變化，使其他精子無法進入。

受精卵在 7 天後會來到子宮，埋入子宮壁。這個過程稱為「著床」。心臟會在受精 4 週後開始跳動。受精 8 週後，主要臟器與組織大致成形。

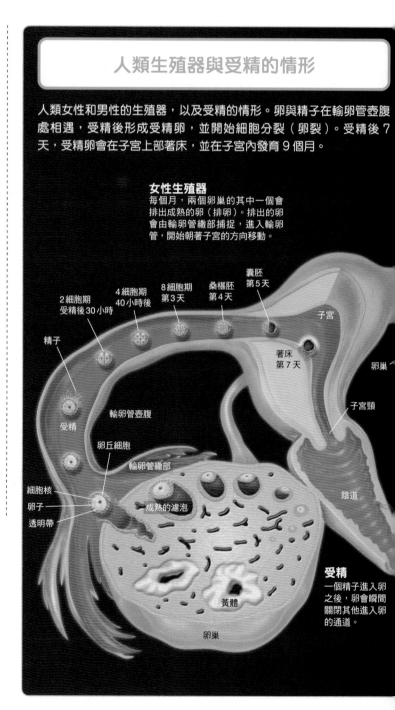

## 人類生殖器與受精的情形

人類女性和男性的生殖器，以及受精的情形。卵與精子在輸卵管壺腹處相遇，受精後形成受精卵，並開始細胞分裂（卵裂）。受精後 7 天，受精卵會在子宮上部著床，並在子宮內發育 9 個月。

**女性生殖器**
每個月，兩個卵巢的其中一個會排出成熟的卵（排卵）。排出的卵會由輸卵管繖部捕捉，進入輸卵管，開始朝著子宮的方向移動。

2 細胞期
受精後 30 小時

4 細胞期
40 小時後

8 細胞期
第 3 天

桑椹胚
第 4 天

囊胚
第 5 天

子宮

著床
第 7 天

卵巢

精子

子宮頸

受精

輸卵管壺腹

卵丘細胞

輸卵管繖部

陰道

細胞核

卵子

成熟的濾泡

透明帶

黃體

**受精**
一個精子進入卵之後，卵會瞬間關閉其他進入卵的通道。

卵巢

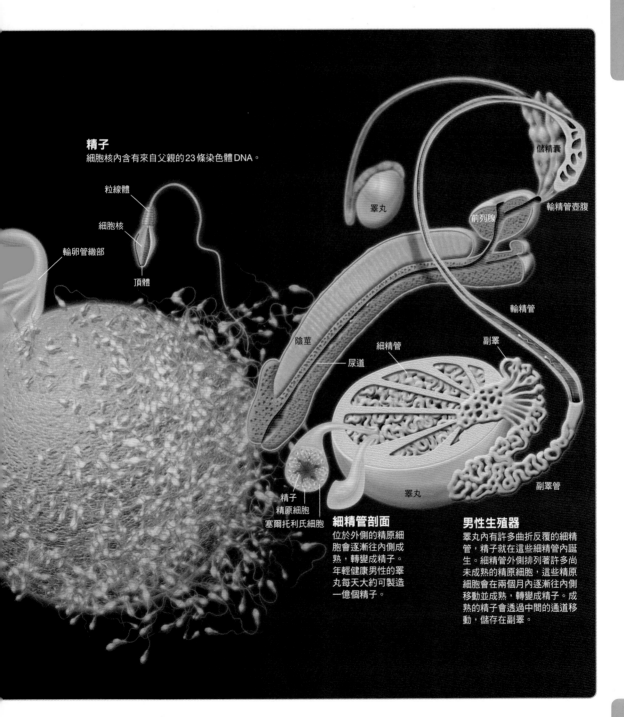

卵與精子，受精

**精子**
細胞核內含有來自父親的23條染色體DNA。

粒線體

細胞核

輸卵管繖部

頂體

儲精囊

睪丸

前列腺

輸精管壺腹

陰莖

細精管

副睪

尿道

輸精管

精子
精原細胞
塞爾托利氏細胞

睪丸

副睪管

**細精管剖面**
位於外側的精原細
胞會逐漸往內側成
熟，轉變成精子。
年輕健康男性的睪
丸每天大約可製造
一億個精子。

**男性生殖器**
睪丸內有許多折曲反覆的細精
管，精子就在這些細精管內誕
生。細精管外側排列著許多尚
未成熟的精原細胞，這些精原
細胞會在兩個月內逐漸往內側
移動並成熟，轉變成精子。成
熟的精子會透過中間的通道移
動，儲存在副睪。

# 受精卵是
# 所有細胞的「根源」

構成個體的細胞類型非常多。這些細胞都是由一個受精卵發育而來，受精卵的這種能力稱為「全潛能性」（totipotency）。

不過，隨著分裂次數的增加，受精卵的全潛能性會逐漸消失，每種細胞會逐漸發展出自己的特有性質。以人類為例，受精卵最後會發展成皮膚的表皮細胞、血液的紅血球、腦的神經細胞等兩百多種細胞，每種細胞各有其特性。

生物學將這種細胞專業化的過程，稱為「分化」（differentiation）。分化過的細胞除非經過人為基因重組，否則無法再度回到受精卵階段。分化有一定的方向，而決定細胞分化方向的就是組蛋白與DNA的修飾，如右圖所示。

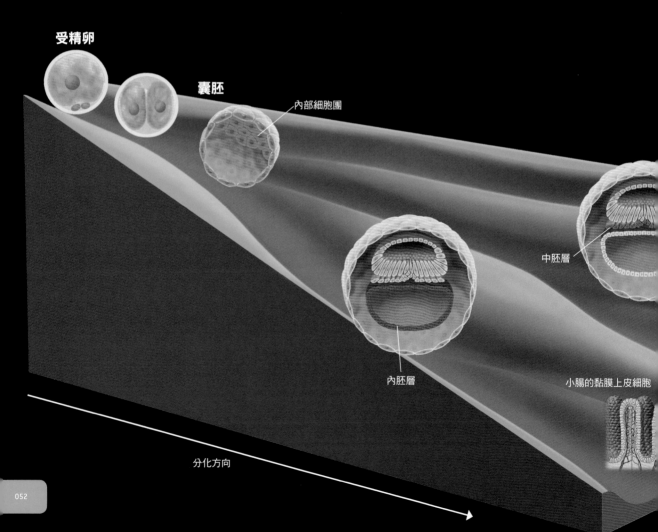

**受精卵**

**囊胚**

內部細胞團

中胚層

內胚層

小腸的黏膜上皮細胞

分化方向

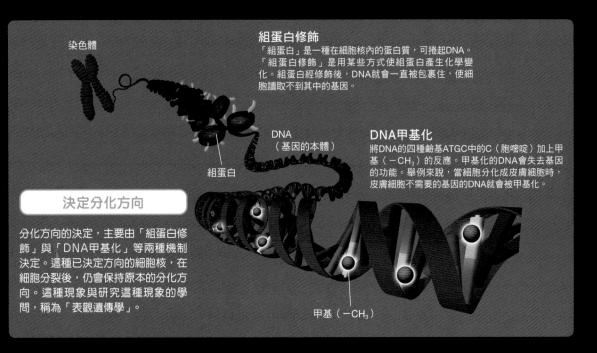

染色體

## 組蛋白修飾

「組蛋白」是一種在細胞核內的蛋白質，可捲起DNA。「組蛋白修飾」是用某些方式使組蛋白產生化學變化。組蛋白經修飾後，DNA就會一直被包裹住，使細胞讀取不到其中的基因。

DNA
（基因的本體）

## DNA甲基化

將DNA的四種鹼基ATGC中的C（胞嘧啶）加上甲基（－CH₃）的反應。甲基化的DNA會失去基因的功能。舉例來說，當細胞分化成皮膚細胞時，皮膚細胞不需要的基因的DNA就會被甲基化。

組蛋白

### 決定分化方向

分化方向的決定，主要由「組蛋白修飾」與「DNA甲基化」等兩種機制決定。這種已決定方向的細胞核，在細胞分裂後，仍會保持原本的分化方向。這種現象與研究這種現象的學問，稱為「表觀遺傳學」。

甲基（－CH₃）

## 從受精卵發育成各式各樣的細胞

### 受精後3週的胚

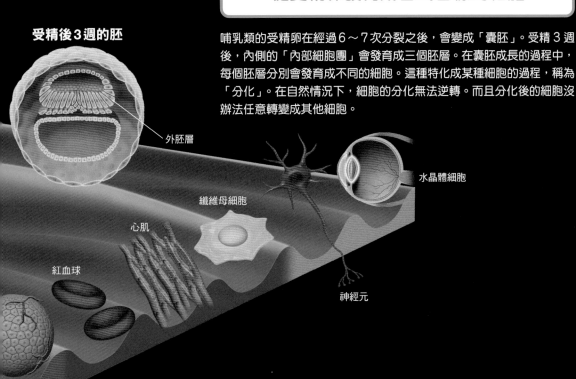

哺乳類的受精卵在經過6～7次分裂之後，會變成「囊胚」。受精3週後，內側的「內部細胞團」會發育成三個胚層。在囊胚成長的過程中，每個胚層分別會發育成不同的細胞。這種特化成某種細胞的過程，稱為「分化」。在自然情況下，細胞的分化無法逆轉。而且分化後的細胞沒辦法任意轉變成其他細胞。

外胚層

水晶體細胞

纖維母細胞

心肌

神經元

紅血球

胰臟的胰島細胞

# 受精卵會透過細胞分裂增加細胞數，持續成長

**從** 受精卵發育到成體的過程，稱為「發生」。受精卵會先增加細胞數，接著形成腸的結構，然後形成腦與脊髓。許多動物擁有共通的發生機制。

右圖是受精卵經過多次細胞分裂後，發育為成蛙的過程。

19世紀到20世紀初期，學界以蛙及蠑螈為實驗材料，研究發生的基本機制。

---

### 蛙從受精卵發育成成體的過程

受精後，受精卵會持續進行細胞分裂，增加細胞數。這種分裂稱為「卵裂」。卵裂過程中，受精卵會陸續轉變成「2細胞」、「桑椹胚」。

卵裂階段結束後，胚會開始形成「原腸」，原腸是未來會發育成腸道的部分。形成原腸胚後，個體的頭尾方向、腹背方向和左右方向的軸也會確定下來。

原腸形成之後，接著會形成「神經板」，這是未來會發育成腦與脊髓的部分。這個階段的胚胎稱為「神經胚」。

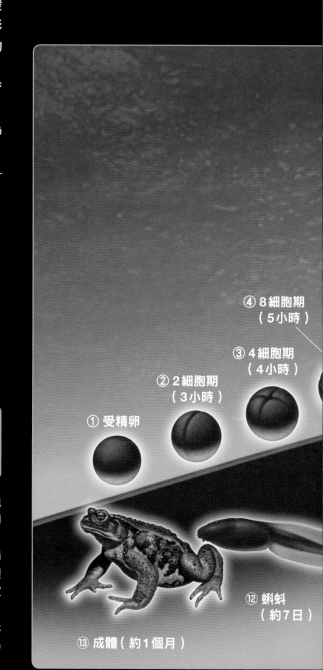

④ 8細胞期
（5小時）

③ 4細胞期
（4小時）

② 2細胞期
（3小時）

① 受精卵

⑫ 蝌蚪
（約7日）

⑬ 成體（約1個月）

| | |
|---|---|
| ① 受精卵 | 受精卵中，偏黑的上側稱為「動物極」，偏白的下側稱為「植物極」。 |
| ② 2細胞期 | 第一次卵裂。沿著動物極與植物極的連線分裂（垂直分裂）。 |
| ③ 4細胞期 | 再次垂直分裂，得到4個相同大小的細胞。 |
| ④ 8細胞期 | 在靠動物極的位置水平分裂，得到4個較大與4個較小的細胞。 |
| ⑤ 桑椹胚期 | 繼續卵裂，形成桑椹般的細胞團。 |
| ⑥ 囊胚期 | 細胞越來越小，並在細胞團內部形成囊胚腔（半圓形空間）。 |

| | |
|---|---|
| ⑦ 原腸胚初期 | 從原口（新月狀的凹陷）往細胞團內側陷下去（陷入）。 |
| ⑧ 原腸胚中期 | 陷入的部分會在內部形成原腸。 |
| ⑨ 原腸胚後期 | 陷入過程結束後，會形成內胚層、中胚層、外胚層等三層。 |
| ⑩ 神經胚初期 | 胚的背部表面增厚，形成神經板。並形成脊髓與腸道。 |
| ⑪ 尾芽胚期 | 神經板往上捲起，形成神經管。胚開始往頭尾兩端拉長。各胚層的細胞開始形成各種器官，準備孵化。 |

⑧ 原腸胚中期（ 1～2日 ）

外胚層

中胚層

原腸

囊胚腔

⑥ 囊胚期
（ 18～20小時 ）

囊胚腔

⑦ 原腸胚初期
（ 24小時 ）

⑤ 桑椹胚期
（ 8小時 ）

原口

內胚葉

神經板

脊索

中胚層

原腸

外胚層

神經管

脊索

卵黃栓

體節

腸道

腸道

神經板

內胚層

卵黃栓

⑪ 尾芽胚期
（ 約5日 ）

⑩ 神經胚初期
（ 2日 ）

⑨ 原腸胚後期
（ 1～2日 ）

# 決定頭和手腳分布的基因

一個受精卵分裂成多個細胞後，如何決定頭部、腹部等身體部位分別在哪裡呢？

「同源基因」（homeotic gene）又稱「同源異形基因」，是決定頭、體節等身體基本結構（體型呈現）的基因。我們會在下一章中正式介紹什麼是基因。不過從線蟲到哺乳類，幾乎所有動物的身體結構，都是由同源基因決定的。相對的，要是這個基因異常，就會使身體結構異常。

舉例來說，果蠅的同源基因有八個。這些基因分布於果蠅的第三染色體，且基因的排列順序與果蠅的胚與成體的體型呈現一致。果蠅的腳原本長在身體的胸部上，但要是同源基因中的「觸足複合群」（antennapedia complex）基因出現異常，頭部就會長出腳，取代原本的觸角。

## 決定生物體型呈現的同源基因

果蠅有 8 個同源基因，脊椎動物則有39個。這些基因含有由180個鹼基組成的共通序列。這180個鹼基在每種動物中略有差異，不過序列大致相同，稱為「同源匣」（homeobox）。同源匣不只存在於動物中，也存在於植物與真菌中。

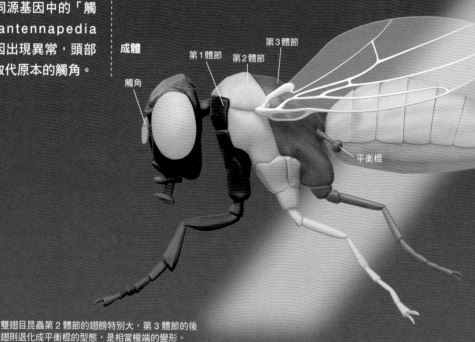

胚

成體

第1體節
第2體節
第3體節

觸角

平衡棍

雙翅目昆蟲第 2 體節的翅膀特別大，第 3 體節的後翅則退化成平衡棍的型態，是相當極端的變形。

同源基因

## 果蠅的同源基因

下圖的長帶為果蠅第三染色體的一部分，著色部分為同源基因。每個基因都有它的名字，多個基因可組成一個複合基因群，並以代表性的基因命名。觸足複合群基因與身體的頭部及胸部有關；雙胸複合群（bithorax complex）基因則與胸部及腹部有關。

觸足複合群基因　　　　雙胸複合群基因

*lab　pb　　Dfd Scr Antp　Ubx abd-A abd-B*

## 脊椎動物的同源基因

下圖的長帶為小鼠 4 條染色體的一部分，著色部分為同源基因。果蠅的同源基因只有一組，小鼠卻增加到了四組，可見小鼠同源基因的運作機制遠比果蠅複雜。

*A*1　*A*2　*A*3　*A*4　*A*5　*A*6　*A*7　　*A*9　*A*10　*A*11　　　　*A*13

*B*1　*B*2　*B*3　*B*4　*B*5　*B*6　*B*7　*B*8　*B*9　　　　　　　*B*13

　　　　　　　*C*4　*C*5　*C*6　　*C*8　*C*9　*C*10　*C*11　*C*12　*C*13

*D*1　　*D*3　*D*4　　　　　*D*8　*D*9　*D*10　*D*11　*D*12　*D*13

胚

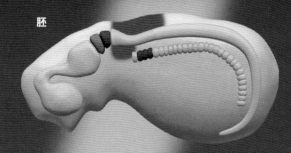

成體

### 小鼠的異常

小鼠的同源基因異常時，會改變頸部骨頭（頸椎）的外型，不過不會像果蠅那樣出現劇烈改變。

參考：《坎貝爾生物學》（小鼠圖片）

# 將氧與營養送往全身細胞的三種方法

生物體內的所有細胞都需要氧與營養，並排出二氧化碳與廢物，才能維持正常運作。供給及排除這些物質的方法主要可分為三種。

像我們人類這種體型大又複雜的生物，通常是透過「心臟、血管、血液」來完成這件事。血管中的血液可供給及排除這些物質，心臟則可將血液打向全身。這種機制稱為「封閉循環系統」，可在蚯蚓等環節動物、烏賊或章魚等頭足類，以及所有脊椎動物的身上看到。

節肢動物、包括雙殼貝在內的軟體動物，則是使用「開放循環系統」的機制。靠心臟將血液（血淋巴）打向全身這點與封閉循環系統相同，不過開放循環系統有個特徵，那就是血液會暫時流到血管外，遍布體內。

第三種則是無循環系統（無血管）的生物。像是水螅、水母等單純、體型扁平的生物就屬於此類。這些生物可以直接與外界交換物質。

章魚

## 在血管內循環的「封閉循環系統」

下圖以環節動物的蚯蚓為例，說明什麼是封閉循環系統。封閉循環系統中，血液不會流出血管。血管與細胞直接接觸，交換物質。封閉循環系統供給氧與養分的效率相當高，所以章魚、烏賊、脊椎動物等大型動物都使用封閉循環系統。

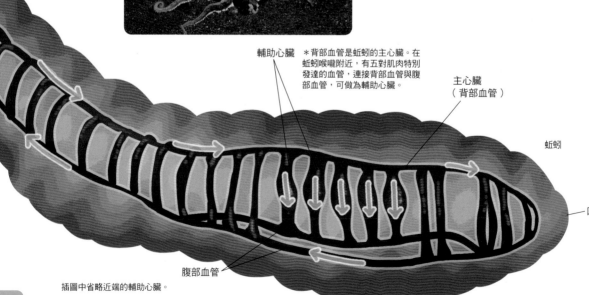

輔助心臟

＊背部血管是蚯蚓的主心臟。在蚯蚓喉嚨附近，有五對肌肉特別發達的血管，連接背部血管與腹部血管，可做為輔助心臟。

主心臟
（背部血管）

蚯蚓

口

腹部血管

插圖中省略近端的輔助心臟。

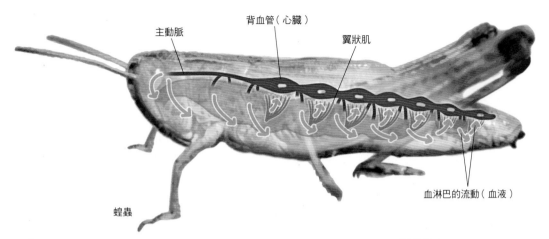

主動脈
背血管（心臟）
翼狀肌
血淋巴的流動（血液）
蝗蟲

## 血液會流出血管外的「開放循環系統」

上圖以節肢動物的蝗蟲為例，說明開放循環系統的機制。雙殼貝類也擁有開放循環系統（右方照片）。心臟（背血管）收縮時可擠出血液（血淋巴），使血液流出血管，在體內散布開來。心臟舒張時，體內血液會流回血管。消耗的能量比封閉循環系統還要少，是開放循環系統的優點。

雙殼貝

## 無循環系統

無循環系統的生物。水螅會將食物吞入「消化循環腔」，待食物被分解成碎片後，消化循環腔周圍的細胞再吞噬這些食物碎片並消化。另外，細胞還會將二氧化碳與廢物排出至消化循環腔。

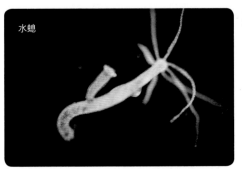

水螅

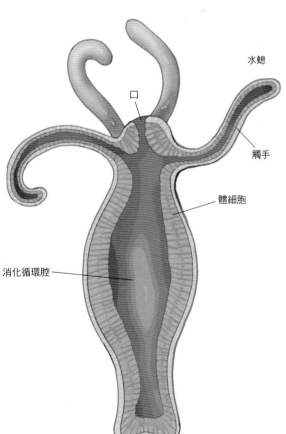

水螅
口
觸手
體細胞
消化循環腔

# 血液擁有許多功能，可說是「流動的臟器」

「血液」負責搬運各種體內物質，譬如運送氧與營養、排出二氧化碳與廢物等等。

我們脊椎動物的血液包含稱為「血漿」的液體成分，以及紅血球、白血球、血小板等細胞成分。紅血球是搬運氧的細胞，沒有細胞核。白血球可以擊退侵入體內的細菌與病毒，屬於「免疫系統」的功能。本頁圖中列出的許多種白血球，會彼此合作擊退入侵者。血小板是巨核球的碎片，可以促進血液凝固。

「B細胞」是一種免疫細胞。當身體識別出細菌或病毒身上的某些分子，將其視為「抗原」時，B細胞可製造出識別抗原的「抗體」（詳見第62頁）。抗體與抗原結合後，會吸引「巨噬細胞」或「嗜中性球」前來吞噬。

這些血液細胞，全都是由骨髓中單一種類的「造血幹細胞」分裂增殖分化而來。

## 為什麼血液看起來是紅色的

血液由「血漿」與「細胞成分」組成。血漿體積約佔血液的55%，大部分是水。不過血漿中還有營養素、調整身體狀態的「激素」（荷爾蒙）等重要物質。另一方面，剩下的45%為細胞成分，由「紅血球」、「白血球」、「血小板」等細胞組成。血液之所以是紅色，是因為紅血球的紅色。

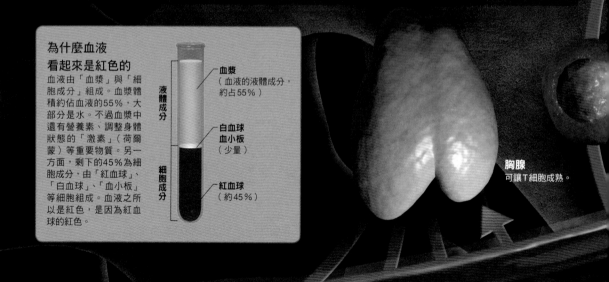

液體成分
細胞成分

血漿
（血液的液體成分，約占55%）

白血球
血小板
（少量）

紅血球
（約45%）

胸腺
可讓T細胞成熟。

胞毒T細胞
主動攻擊受感染的細胞。

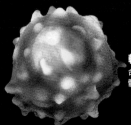

輔助T細胞
命令B細胞製造抗體，處理異物。

炎性T細胞
分泌殺菌物質，命令吞噬細胞處理異物。

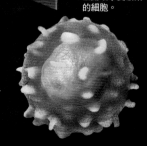

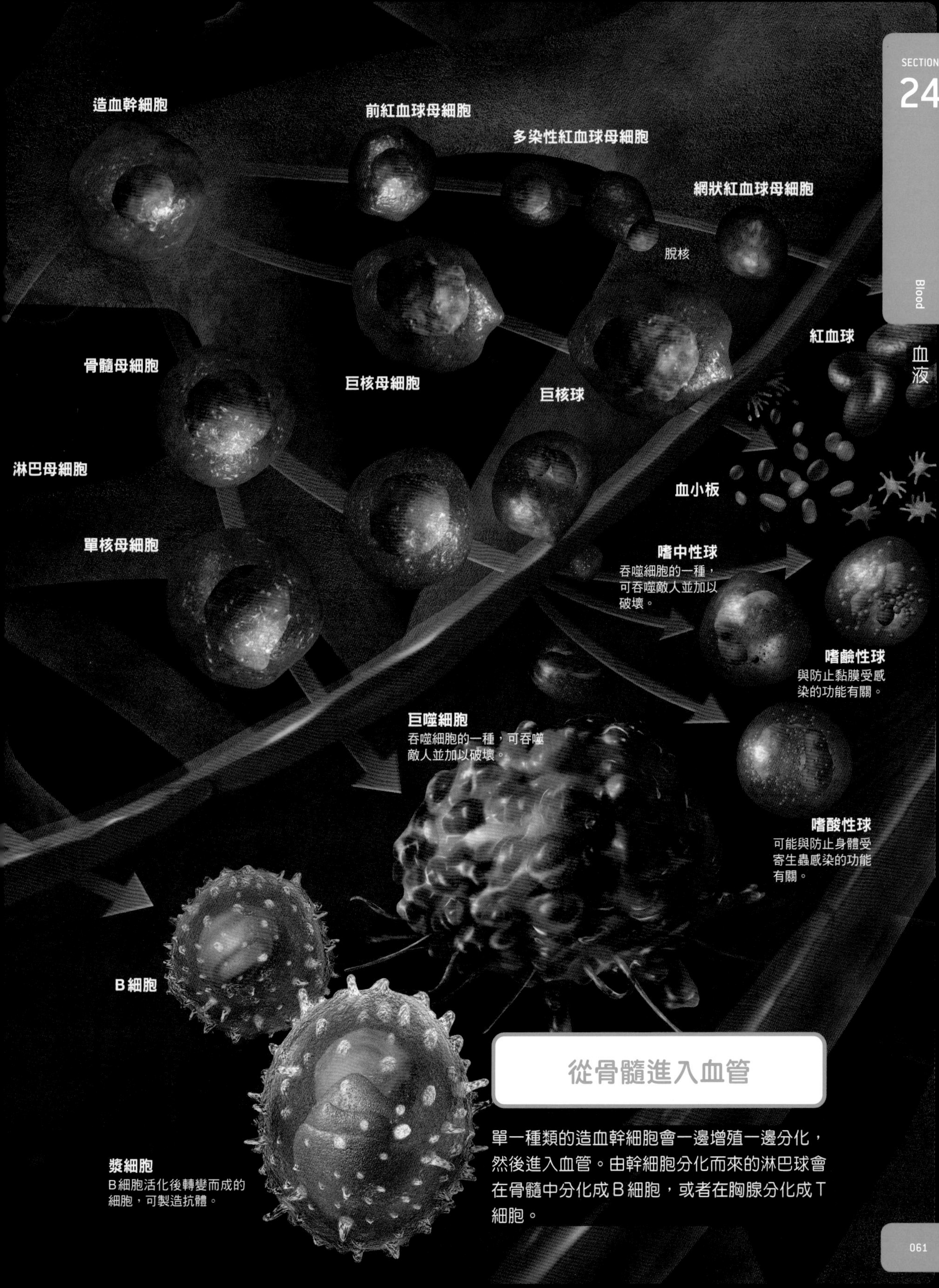

造血幹細胞

前紅血球母細胞

多染性紅血球母細胞

網狀紅血球母細胞

脫核

紅血球

血液

骨髓母細胞

巨核母細胞

巨核球

淋巴母細胞

血小板

單核母細胞

**嗜中性球**
吞噬細胞的一種，
可吞噬敵人並加以
破壞。

**嗜齡性球**
與防止黏膜受感
染的功能有關。

**巨噬細胞**
吞噬細胞的一種，可吞噬
敵人並加以破壞。

**嗜酸性球**
可能與防止身體受
寄生蟲感染的功能
有關。

B 細胞

## 從骨髓進入血管

單一種類的造血幹細胞會一邊增殖一邊分化，
然後進入血管。由幹細胞分化而來的淋巴球會
在骨髓中分化成 B 細胞，或者在胸腺分化成 T
細胞。

**漿細胞**
B 細胞活化後轉變而成的
細胞，可製造抗體。

# 辨識出侵入體內的「異物」，並加以攻擊的「免疫細胞」

動物體內有「免疫」系統，可以對抗侵入體內的病原體。所有動物都擁有「先天性免疫」（innate immunity），在異物侵入體內時可以馬上反應。另外，脊椎動物還擁有反應時間較長，卻更強而有力的「後天性免疫」（acquired immunity）機制。

活躍於先天性免疫系統的免疫細胞，包括右圖中的嗜中性球與自然殺手細胞（NK細胞）、巨噬細胞等。這些細胞存在於血液、淋巴液中，會攻擊接觸到的病毒與其他病原體，並將其排除。

於此同時，樹突細胞與巨噬細胞會將病原體的資訊傳遞給「T細胞」，啟動後天性免疫機制。這樣便能確實攻擊到躲過先天性免疫的病原體。

負責後天性免疫系統的細胞則包括B細胞、胞毒T細胞等。B細胞與一部分的T細胞在攻擊結束後，會將該病原體的資訊記憶下來，形成「記憶細胞」累積在體內。未來要是有相同的病原體入侵，便可迅速展開攻擊。

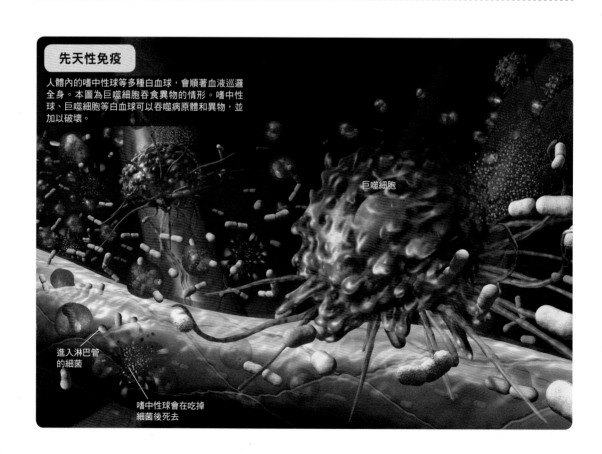

**先天性免疫**

人體內的嗜中性球等多種白血球，會順著血液巡邏全身。本圖為巨噬細胞吞食異物的情形。嗜中性球、巨噬細胞等白血球可以吞噬病原體和異物，並加以破壞。

巨噬細胞

進入淋巴管的細菌

嗜中性球會在吃掉細菌後死去

## 與免疫系統有關的器官與免疫細胞

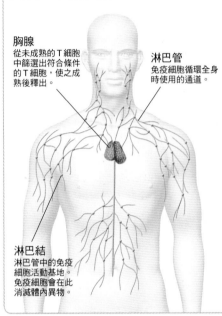

**胸腺**
從未成熟的T細胞
中篩選出符合條件
的T細胞，使之成
熟後釋出。

**淋巴管**
免疫細胞循環全身
時使用的通道。

**淋巴結**
淋巴管中的免疫
細胞活動基地。
免疫細胞會在此
消滅體內異物。

### 先天性免疫

**自然殺手細胞**
破壞遭病毒感染的
細胞。

**嗜中性球**
吞噬細菌、病毒，並用酵
素、活性氧加以破壞。

**樹突細胞**
吞噬異物，將其資訊傳
送給T細胞。

**巨噬細胞**
吞噬消化異物，並將異物的
資訊傳遞給T細胞。

**嗜酸性球**
以酵素攻擊寄生蟲等
大型異物。

### 後天性免疫

**輔助T細胞**
對B細胞或胞毒T細胞
下達攻擊指令。

抗體

**B細胞**
製造並釋出抗體，去除
病毒與細菌的毒性。部
分B細胞會記住這些抗
體的樣子，以防未來有
相同病原體再度入侵。

**調節T細胞**
異物完全排除後，可停止
免疫反應。

**胞毒T細胞**
攻擊、破壞遭病毒感染
的細胞。

## 後天性免疫

T細胞、B細胞等淋巴球，會從樹突細胞那裡獲得敵
人的資訊，然後依照這些資訊，選出適當種類的淋
巴球進一步增殖。一種淋巴球只會有一種「受體」，
只能與一種抗原結合。所以人體內會準備一兆種左
右的T細胞或B細胞，分別擁有不同的「受體」，可
以識別出不同的病原體，以應付各種敵人。

輔助T細胞

樹突細胞

B細胞

分化後的B細胞
（漿細胞）

抗體

# 使體內環境保持一定的「恆定性」

不論是哪個季節，人類的體溫一直都保持在一定範圍。體液（血液）內的鹽類、氧、葡萄糖的濃度也一樣。當體溫或這些物質的濃度改變時，個體會透過自律神經和激素的作用，使其回到正常範圍內。這種使體內環境保持一定的性質，稱為「恆定性」。

再來以「體液的鹽度」為例，說明如何維持恆定性。脊椎動物的腎臟可將體液的鹽度維持在一定範圍內。製造尿液時，就是在調節血液中的水分含量與鹽度。魚類也是如此。不過魚類分成海水魚和淡水魚，兩者機制有很大的差異。

在海中生活的魚，體液的鹽度隨時保持在海水鹽度的 4 分之 1 到 3 分之 1[※1]，因此體內水分很容易被海水搶走[※2]。為了補充被海水搶走的水分，魚會持續喝下海水，並透過腸道吸收水分（如圖）。與水分一同吸入的鹽分，則會在濃縮後由鰓或腎臟排出。

淡水魚的體液濃度也會維持在海水鹽度的 4 分之 1 到 3 分之 1。不過淡水魚的周圍是淡水，鹽度相當低。因此，周圍的水分會持續滲入魚的體內。淡水魚並不會一直喝水，而是會排出大量尿液（圖）。

※1：體液中的一價離子（$Na^+$，$Cl^-$等）約為海水的 4 分之 1 到 3 分之 1，二價離子（$Mg^{2+}$，$SO_4^{2-}$等）則低於海水的數10分之 1。

※2：若細胞膜內外側的溶液濃度不同（譬如海水），水就會從較稀薄的溶液移動到較濃的溶液。這種現象稱為「滲透」。

海水魚

喝下海水

食物

### 海水魚維持恆定的機制

棲息於淡水環境的魚類，體液濃度一樣需保持在海水鹽度的 4 分之 1 到 3 分之 1。也就是說，體液的濃度比周圍的水還要高，所以周圍的水分容易滲入體內。就算不特地喝水，水分也會透過鰓進入體內。

淡水魚會排出大量稀薄尿液，藉此排出體內水分。另一方面，淡水魚也會積極用鰓從淡水中吸收鹽分（主動運輸），以補充鹽分。

恆定性

## 海水魚維持恆定的機制

海水魚維持體液恆定之機制的示意圖。海水魚會喝下海水，由腸道吸收水分與鹽分。鹽分中的鈉離子（$Na^+$）等一價離子主要從鰓排出，鎂離子（$Ma^{2+}$）等二價離子則由腎臟排出。鮭魚、鰻魚、七星鱸魚（如圖）等會在海、河川間洄游的魚類，為了維持體液的恆定，可以在海水魚模式和淡水魚模式之間切換。

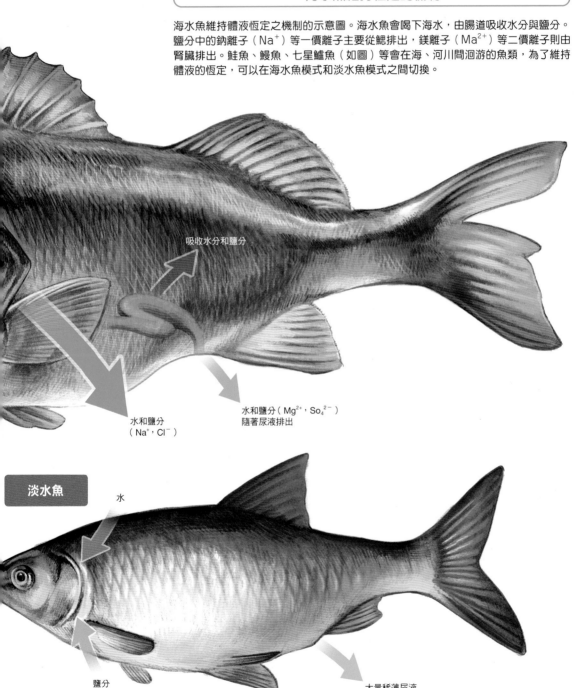

吸收水分和鹽分

水和鹽分
（$Na^+$，$Cl^-$）

水和鹽分（$Mg^{2+}$，$So_4^{2-}$）
隨著尿液排出

**淡水魚**

水

鹽分

大量稀薄尿液

# 負責傳遞資訊的神經細胞結構

**動**物的神經元（神經細胞）可分為三種，分別是將來自腦與做為中繼站之脊髓的訊號傳遞給肌肉的「運動神經元」（motor neuron）、將皮膚等受器的訊號傳遞給腦與脊髓的「感覺神經元」（sensory neuron），以及在腦內的神經元之間傳遞訊號的「聯絡神經元」（interneuron）。以人類來說，聯絡神經元的數量遠大於其他神經元。

神經元可用電訊號的形式傳遞資訊，是一種相當細長的細胞。神經元可分為 **1** 接收訊號的部分（樹突棘等）、**2** 發出訊號的部分（軸丘）、**3** 傳遞訊號的部分（軸突）、**4** 輸出訊號的部分（軸突末端）等四個部分，如插圖所示。軸突的直徑約為0.2～20微米（1微米是0.001毫米）。若切出 1 立方公分的大腦皮質，裡面所含全部神經元的長度總計可達數公里。

樹突棘

軸突末端

**4** 輸出訊號

**3** 傳遞訊號

**軸突**
細胞體中細長延伸的部分。可像電線般，將細胞體發出的電訊號傳遞出去。

輸出訊號

**突觸**
神經元用神經傳遞物質，將訊號傳遞給下一個神經元的連接部分。位於軸突與樹突棘之間，或者是軸突與細胞本體之間。

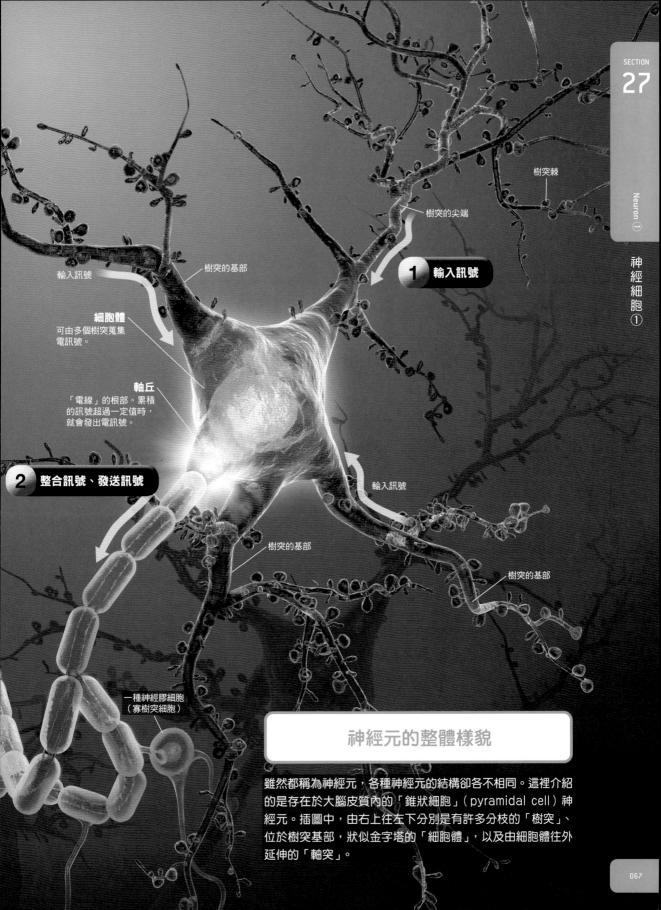

樹突棘

樹突的尖端

**1** 輸入訊號

輸入訊號

樹突的基部

**細胞體**
可由多個樹突蒐集
電訊號。

**軸丘**
「電線」的根部。累積
的訊號超過一定值時，
就會發出電訊號。

**2** 整合訊號、發送訊號

輸入訊號

樹突的基部

樹突的基部

一種神經膠細胞
（寡樹突細胞）

## 神經元的整體樣貌

雖然都稱為神經元，各種神經元的結構卻各不相同。這裡介紹
的是存在於大腦皮質內的「錐狀細胞」（pyramidal cell）神
經元。插圖中，由右上往左下分別是有許多分枝的「樹突」、
位於樹突基部，狀似金字塔的「細胞體」，以及由細胞體往外
延伸的「軸突」。

# 神經元會集結成束，形成神經

**動**物以感覺取得周圍的資訊，並迅速做出反應。能做到這點，就是靠前頁介紹的「神經元」（神經細胞）。從「細胞體」伸出的細長「軸突」，可將電訊號與化學物質訊號等資訊傳遞給其他細胞。

水螅、水母等刺胞動物擁有最單純的神經系統。刺胞動物體內的神經元就像一張網般覆蓋了整個身體。

經過一定程度的演化後，神經元演化出成束的細長軸突，方便傳遞資訊，這就是「神經」。後來，為了一次處理大量資訊，許多神經元聚集在身體前端，形成「腦」的結構。棲息於池塘等水域的扁形動物渦蟲，就擁有小型的腦。

包括人類在內的脊椎動物，擁有「中樞神經」（central nerve），包括大型的腦與脊髓，如右頁插圖所示。中樞神經延伸出了無數神經纖維遍布全身，這些神經稱為「周邊神經」（peripheral nerve）。

---

## 神經元與渦蟲

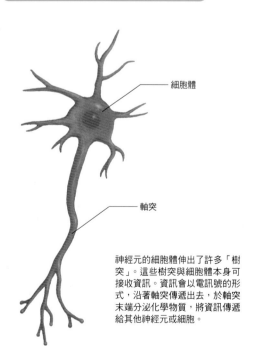

細胞體

軸突

神經元的細胞體伸出了許多「樹突」。這些樹突與細胞體本身可接收資訊。資訊會以電訊號的形式，沿著軸突傳遞出去，於軸突末端分泌化學物質，將資訊傳遞給其他神經元或細胞。

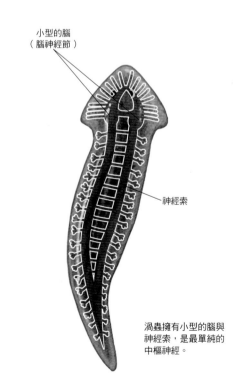

小型的腦
（腦神經節）

神經索

渦蟲擁有小型的腦與神經索，是最單純的中樞神經。

# 人的神經系統

人的體內有複雜的神經系統，用以傳遞資訊。人的神經系統包括「中樞神經」（腦、脊髓）與「周邊神經」（腦神經、脊髓神經、部分自律神經）。中樞神經蒐集來自全身的資訊，並對全身下達指令。周邊神經則聯絡中樞神經與身體各個部分。

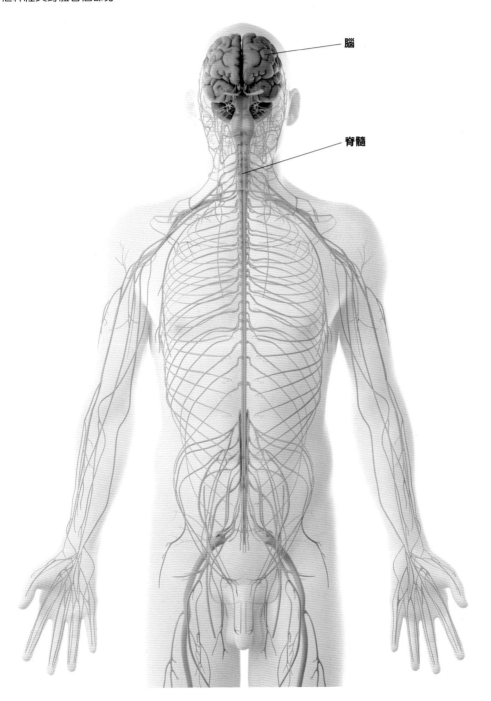

腦

脊髓

# 體內分泌的激素，會影響行為

體內特定的器官或組織會分泌激素，影響其他器官的功能。分泌出來的激素會散布在體內各處，但不會影響到無關的器官或組織。只有特定組織或細胞，擁有能與激素接合之受體，才會受到激素影響。

人體內有一百種以上的激素（如右圖）。身體每天都會透過激素調整消化或排泄功能。另外，還有些激素會在特定時期發揮作用，促進個體的成長或生殖。

激素會影響個體的行為。譬如「催產素」這種激素對哺乳類的雌雄個體都會有影響，使其積極與其他個體交流（譬如照顧子代或交配）。

昆蟲等無脊椎動物也有激素。蛾或蝶的幼蟲經過四、五次蛻皮後，會變態為成蟲。成長階段的變化就是由 2 種激素控制調節。

## 調節成長與行動的激素

幼蟲蛻皮時，會分泌「前胸腺激素」與「保幼激素」。保幼激素的量減少時，前胸腺激素的比例會相對增加，此時幼蟲會化為蛹。當保幼激素的分泌完全停止，只剩下前胸腺激素時，蛹就會開始變態、羽化。

哺乳類的催產素與「抗利尿素」等激素與個體間的交流有關。有研究指出，尿液中催產素濃度越高的雌性日本獼猴，幫其他獼猴理毛的次數也越多。

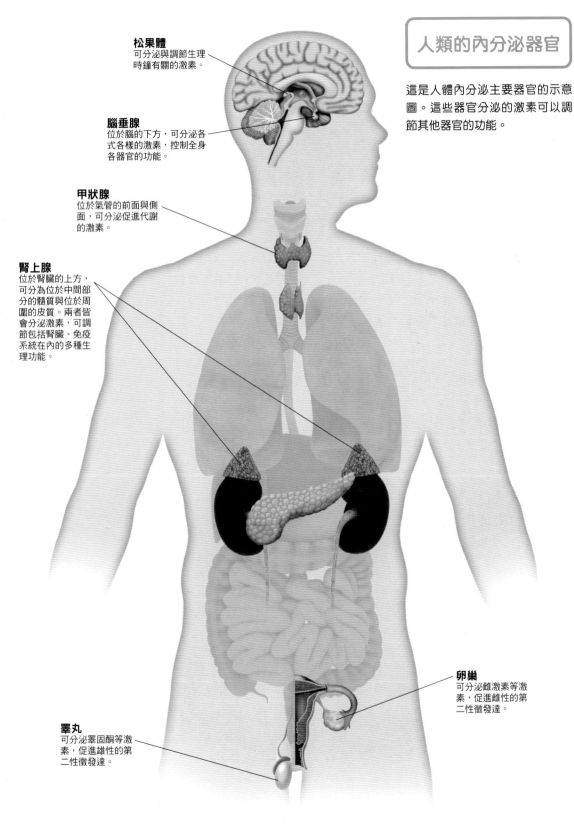

**松果體**
可分泌與調節生理
時鐘有關的激素。

**腦垂腺**
位於腦的下方，可分
泌各式各樣的激素，
控制全身各器官的功能。

**甲狀腺**
位於氣管的前面與側
面，可分泌促進代謝
的激素。

**腎上腺**
位於腎臟的上方，
可分為位於中間部
分的髓質與位於周
圍的皮質。兩者皆
會分泌激素，可調
節包括腎臟、免疫
系統在內的多種生
理功能。

# 人類的內分泌器官

這是人體內分泌主要器官的示意
圖。這些器官分泌的激素可以調
節其他器官的功能。

**卵巢**
可分泌雌激素等激
素，促進雌性的第
二性徵發達。

**睪丸**
可分泌睪固酮等激
素，促進雄性的第
二性徵發達。

# 不管是草履蟲還是人類，都要透過消化獲得營養

我們平時攝取的食物中，常含有「醣類」、「蛋白質」、「脂肪」等成分。這些成分主要有兩個用途，一個是用來製造生命活動必須的ATP，另一個則是促進身體成長及維持身體運作。不管是ATP，或是身體成長及維持運作時必須的物質，都要在人體細胞內製造。

醣類、蛋白質、脂肪的分子都相當大，細胞無法直接利用。因此，我們會先用牙齒將食物咬碎，用酸與酵素「溶解」這些食物（消化）。食物經過消化後，醣類分解成「糖」（單醣）、蛋白質分解成「胺基酸」、脂肪分解成「甘油」等小分子。這些小分子就是細胞的「營養」。

無法自行製造營養的生物（異營生物）需要透過攝食其他的生物並消化，才能獲得營養。原生生物、海綿動物等生物的細胞可以吞噬小小的食物，再與酵素混合，消化這些食物（右圖），這個過程稱為「胞內消化」（intracellular digestion）。然而包括人類在內的大多數動物，都是進行「胞外消化」（extracellular digestion），食物在胃與腸道消化後，細胞再吸收消化後的營養。胞外消化的優點在於可以處理大塊食物，將其分解成營養後再吸收。

---

## 專欄 COLUMN　一個或兩個開口？

**吞食與排出廢物時使用同一個開口**
水母、海葵等刺胞動物行胞外消化。這些動物的消化道開口只有一個，所以吞下食物時用的開口，與排出未能消化之食物的開口是同一個。

**擁有口與肛門**
消化道有兩個開口（口與肛門）的動物，會在胃與腸道行胞外消化，然後從肛門排出未能消化的食物。這類動物擁有很長的消化道，可以在消化的同時吃下新的食物。

營養與消化

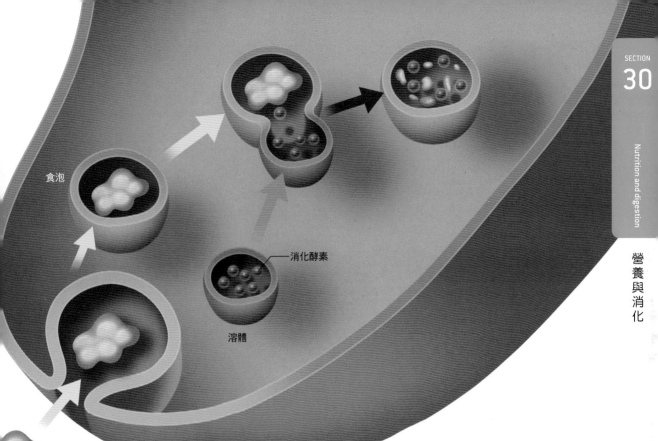

食泡

消化酵素

溶體

食物

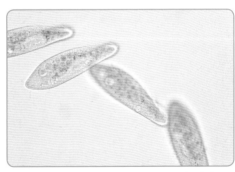

草履蟲（纖毛蟲的一種）會從胞口處將食物攝取進食泡內以消化食物。消化後的成分會被細胞吸收，排泄物則從細胞後方的胞肛排出。

## 「胞內消化」機制

胞內消化生物的草履蟲（右上），以及胞內消化機制示意圖。行胞內消化時，細胞膜的一部分會往內凹，以吞下食物，形成「食泡」。接著這個食泡會與「溶體」融合，利用溶體內的消化酵素消化食物。因為食物在食泡內消化，細胞內的其他結構不會受到消化酵素的影響，相當安全。另外也有些生物，同時擁有胞外消化與胞內消化的功能，譬如雙殼貝類。

# 與動物截然不同的植物體

植物體的結構與動物的身體結構有很大的差異,讓我們來看看植物體是如何運作的吧。

中間的插圖畫的是「世界爺」(Giant sequoia),是一種分布於美國加州的針葉樹。其中,「薛曼將軍樹」是最大的世界爺,高達83.8公尺,最大直徑為11.1公尺,樹幹體積達1486.6立方公尺,是全世界體積最大的生物。粗略計算下,它的體積大約等於20000名70公斤成人的體積總和。

那麼巨大的樹,是如何將地面的水運送到樹梢的呢?植物體內並沒有心臟般的幫浦,卻會利用水分子的特性,將水分吸取運送到葉子。

樹梢將水往上吸的力道非常強。高度超過100公尺的樹木,其中的導管吸水力道可將水吸到200公尺高。

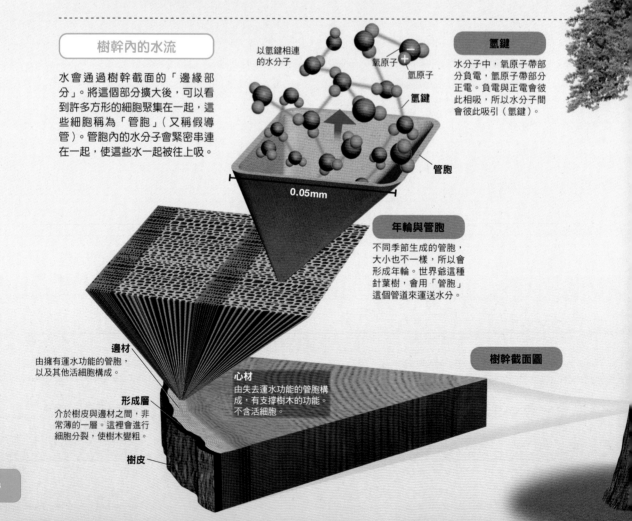

**樹幹內的水流**

水會通過樹幹截面的「邊緣部分」。將這個部分擴大後,可以看到許多方形的細胞聚集在一起,這些細胞稱為「管胞」(又稱假導管)。管胞內的水分子會緊密串連在一起,使這些水一起被往上吸。

以氫鍵相連的水分子

氧原子 +
氫原子

氫鍵

管胞

0.05mm

**氫鍵**

水分子中,氧原子帶部分負電,氫原子帶部分正電。負電與正電會彼此相吸,所以水分子間會彼此吸引(氫鍵)。

**年輪與管胞**

不同季節生成的管胞,大小也不一樣,所以會形成年輪。世界爺這種針葉樹,會用「管胞」這個管道來運送水分。

**邊材**
由擁有運水功能的管胞,以及其他活細胞構成。

**心材**
由失去運水功能的管胞構成,有支撐樹木的功能。不含活細胞。

**形成層**
介於樹皮與邊材之間,非常薄的一層。這裡會進行細胞分裂,使樹木變粗。

**樹皮**

**樹幹截面圖**

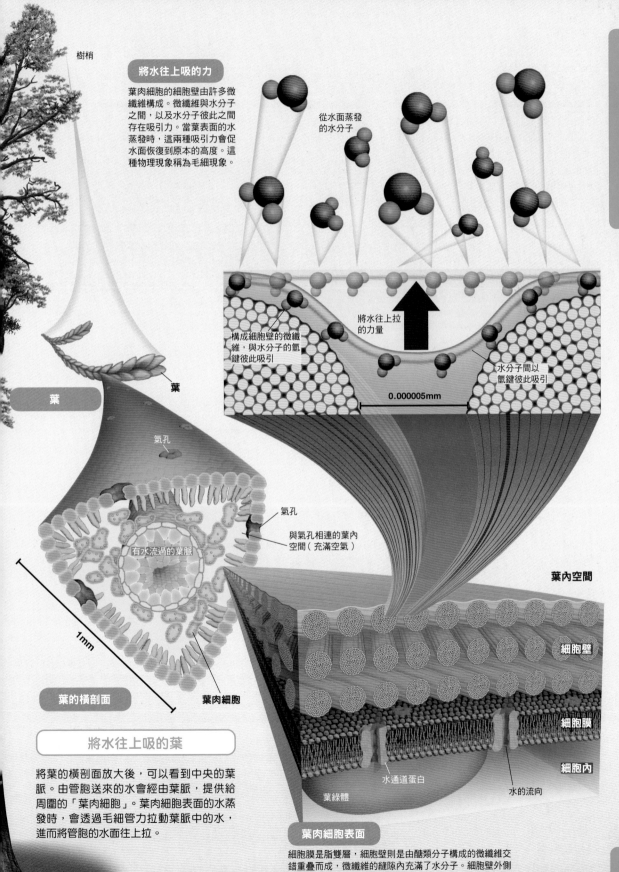

樹梢

**將水往上吸的力**

葉肉細胞的細胞壁由許多微纖維構成。微纖維與水分子之間，以及水分子彼此之間存在吸引力。當葉表面的水蒸發時，這兩種吸引力會促水面恢復到原本的高度。這種物理現象稱為毛細現象。

從水面蒸發的水分子

構成細胞壁的微纖維，與水分子的氫鍵彼此吸引

將水往上拉的力量

水分子間以氫鍵彼此吸引

0.000005mm

葉

葉

氣孔

氣孔

與氣孔相連的葉內空間（充滿空氣）

有水流過的葉脈

葉內空間

1mm

細胞壁

**葉的橫剖面**

葉肉細胞

細胞膜

**將水往上吸的葉**

將葉的橫剖面放大後，可以看到中央的葉脈。由管胞送來的水會經由葉脈，提供給周圍的「葉肉細胞」。葉肉細胞表面的水蒸發時，會透過毛細管力拉動葉脈中的水，進而將管胞的水面往上拉。

細胞內

水通道蛋白

水的流向

葉綠體

**葉肉細胞表面**

細胞膜是脂雙層，細胞壁則是由醣類分子構成的微纖維交錯重疊而成，微纖維的縫隙內充滿了水分子。細胞壁外側則是充滿空氣的葉內空間。

COLUMN

# 「與生俱來」或是
# 「學習而得」?

動物的行為大致上可以分為兩種，分別是「天生行為」與「後天行為」。

天生行為（innate behavior）是生物的與生俱來的能力，不需透過經驗或學習獲得，因此又稱為本能行為。譬如有些鳥類會隨著季節變化改變棲息場所，就是所謂的「遷徙」。候鳥遷徙時，會以太陽位置為基準，判斷該往哪個方向飛，這種行為又稱為「太陽羅盤」。由太陽羅盤得知方向的機制，屬於天生行為。

後天行為（acquired behavior）則是個體透過經驗，使行為產生變化的過程。而「印痕」（imprinting）則是後天與天生行為的混合。

奧地利的生物學家羅倫茲（Konrad Lorenz，1903～1989）曾描述過一個著名的印痕實驗。羅倫茲靠近剛孵化的鳥蛋時，剛出生的幼鳥就會一直跟在羅倫茲的背後走，而不是跟著母親走。這種行為非常的強固，使幼鳥不會把母親或其他同種的鳥當做親鳥。

幼鳥將羅倫茲視為親鳥的行為屬於「後天行為」，又因為幼鳥剛出生時會跟著第一眼看到的生物走，因此也屬於「天生行為」。

還有一個與印痕有關的有趣實驗（如右頁所示）。在這個實驗中，因為印痕的關係，雌性會傾向選擇與父親相似的雄性作為伴侶。實驗結果顯示，雙親的外型會影響到子女未來選擇配偶的傾向。

**斑胸草雀**
斑胸草雀（*Taeniopygia guttata*）是雀形目的鳥類。日本稱作錦花鳥或錦華鳥。

**親** 親鳥有四種組合，雄鳥或雌鳥有裝飾羽、雙親皆有或皆無裝飾羽。

| 母 父 | 母 父 | 母 父 | 母 父 |
|---|---|---|---|
| 雙親皆有裝飾羽 | 僅父親有裝飾羽 | 僅母親有裝飾羽 | 雙親皆無裝飾羽 |

幼鳥出生後8日（眼睛睜開的1～2天前），在雙親身上裝上裝飾羽。
60天後，將子代帶離雙親，測試子代會如何選擇配偶。

| 雌性子代 | 雄性子代 |
|---|---|

**有偏好**
若父親有裝飾羽，則雌性子代會偏好選擇有裝飾羽的配偶（雄性）。

**無偏好**
不管親代有沒有裝飾羽，都不會影響雄性子代選擇配偶時的偏好。換言之，選擇配偶的偏好與候選者有沒有裝飾羽無關。

**子** 因為印痕，在選擇配偶時，偏好會出現差異。

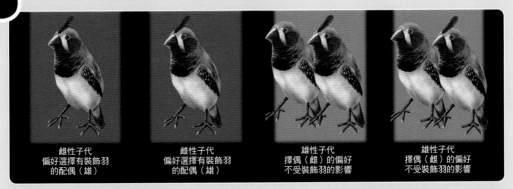

| 雌性子代<br>偏好選擇有裝飾羽<br>的配偶（雄） | 雌性子代<br>偏好選擇有裝飾羽<br>的配偶（雄） | 雄性子代<br>擇偶（雌）的偏好<br>不受裝飾羽的影響 | 雄性子代<br>擇偶（雌）的偏好<br>不受裝飾羽的影響 |
|---|---|---|---|

## 印痕會影響對配偶的偏好

德國科學家威特（Klaudia Witte）與索卡（Nadia Sawka）用斑胸草雀做實驗，發現由有裝飾羽的父親撫養長大的雌鳥，擇偶時傾向選擇有裝飾羽的雄性。雄鳥的擇偶偏好則不受候選者是否有裝飾羽的影響。

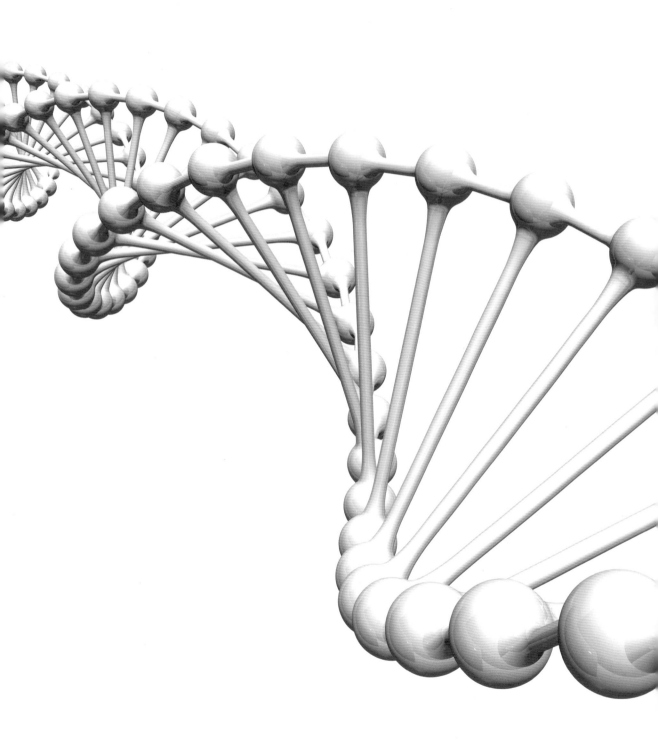

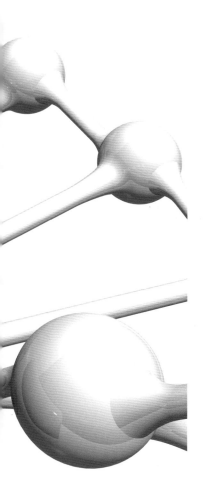

# 3

# 遺傳與基因
Heredity and genes

# 子代與雙親相似，但不是完全複製品

右 頁插圖是美國古生物學家沃科特（Charles Walcott，1850～1927）一家人的樣子。四個小孩子都有繼承到雙親的臉型。

子代通常會與雙親有許多相似的地方。不只是臉型，其他特質也會和父母相似。這種子女繼承父母外型和特質的機制，稱之為「遺傳」。

不過，在有性生殖（第114頁）的情況下，子代不會與親代完全相同。兩者之間必定有「差異」。不同個體間的基因差異，稱為「變異」。我們生下子女時，就相當於是生下「擁有變異的個體」。那麼，為什麼生物可以生下有變異的個體呢？

同卵雙胞胎是這個問題的提示。同卵雙胞胎的外型與運動能力都非常相似。事實上，同卵雙胞胎在剛生下來的時候，幾乎沒有遺傳上的變異。由同一個受精卵分裂出來的同卵雙胞胎，基因完全相同。不過，隨著雙胞胎的成長，基因會逐漸被「修飾」，基因的表現便會逐漸出現差異。

本章將會介紹什麼是基因，還有基因是如何發揮作用。

## 為什麼臉會長得那麼像

左圖為古生物學家沃科特一家人的樣子。四個孩子的臉型都與雙親十分相似。右圖是一對同卵雙胞胎。同卵雙胞胎的基因完全相同，剛出生時的臉幾乎一模一樣。

# 找出「遺傳定律」的孟德爾

外型和顏色等特徵在生物學上稱為「性狀」（character）。奧地利的神職人員孟德爾（Gregor Mendel，1822～1884）發現生物繼承上一代性狀的規則。

19世紀的歐洲盛行農業與園藝的品種改良。孟德爾也熱衷於遺傳的研究，而進行了豌豆的交配實驗。他認為，親代個體會將「某種東西」傳遞給子代，且這種東西應該擁有「粒子」般的性質。孟德爾稱這種東西為「要素」（element），也就是現在所稱的「基因」（gene）。

孟德爾於1866年提出了親代特徵遺傳給子代時的三個規則，分別是「顯性律」、「分離律」、「獨立分配律」，統稱為孟德爾定律。孟德爾定律為生物學的發展開闢了新的道路，是生物學史上極其重要的發現。

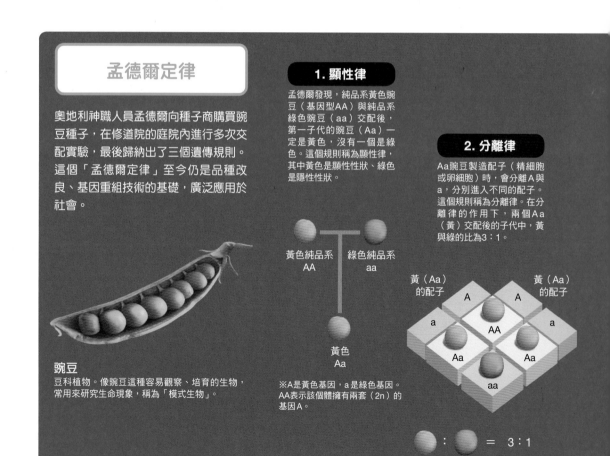

## 孟德爾定律

奧地利神職人員孟德爾向種子商購買豌豆種子，在修道院的庭院內進行多次交配實驗，最後歸納出了三個遺傳規則。這個「孟德爾定律」至今仍是品種改良、基因重組技術的基礎，廣泛應用於社會。

**豌豆**
豆科植物。像豌豆這種容易觀察、培育的生物，常用來研究生命現象，稱為「模式生物」。

### 1. 顯性律

孟德爾發現，純品系黃色豌豆（基因型AA）與純品系綠色豌豆（aa）交配後，第一子代的豌豆（Aa）一定是黃色，沒有一個是綠色。這個規則稱為顯性律，其中黃色是顯性性狀、綠色是隱性性狀。

黃色純品系 AA
綠色純品系 aa

黃色 Aa

### 2. 分離律

Aa豌豆製造配子（精細胞或卵細胞）時，會分離A與a，分別進入不同的配子。這個規則稱為分離律。在分離律的作用下，兩個Aa（黃）交配後的子代中，黃與綠的比為3：1。

黃（Aa）的配子
黃（Aa）的配子

A  A
a  AA  a
Aa
Aa  Aa
aa

※A是黃色基因，a是綠色基因。AA表示該個體擁有兩套（2n）的基因A。

● : ● = 3：1

**孟德爾**
（1822〜1884）
曾在奧地利的維也納大學，向提出「都卜勒效應」的都卜勒（Christian Doppler，1803〜1853）教授學習物理學。孟德爾將研究整理成論文後，於1866年發表。但當時的學者並不瞭解這篇論文的價值，幾乎都無視這篇論文的存在。於是他留下「我的時代一定會到來」這句話，於1884年去世。16年後的1900年，3位科學家再次發現了相同的規性，於是孟德爾定律才被廣泛接受，成為遺傳學的基礎。

## 3. 獨立分配律

豌豆的表皮有圓皮（顯性）與皺皮（隱性）兩種。孟德爾認為「豌豆顏色的基因」與「豌豆形狀的基因」會獨立分配給各個配子。這個規則稱為「獨立分配律」。

因為有獨立分配律，所以AaBb的豌豆（黃色、圓皮）彼此交配時，子代的比例為黃色圓皮：綠色圓皮：黃色皺皮：綠色皺皮＝9：3：3：1。

黃色圓皮
AABB

綠色皺皮
aabb

黃色圓皮
AaBb

※B是圓皮基因，b是皺皮基因。

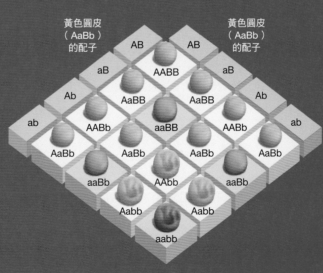

黃色圓皮
（AaBb）
的配子

黃色圓皮
（AaBb）
的配子

| | AB | AB | |
|---|---|---|---|
| aB | AABB | | aB |
| Ab | AaBB | AaBB | Ab |
| ab | AABb | aaBB | AABb | ab |
| | AaBb | AaBb | AaBb | AaBb |
| | aaBb | AAbb | aaBb | |
| | Aabb | Aabb | |
| | | aabb | | |

＝ 9：3：3：1

# 基因存在於「染色體」

孟德爾所發現的「基因」究竟在哪裡呢？

美國的遺傳學家摩根（Thomas Morgan，1866～1945）在1910年回答了這個問題。

正常果蠅的眼睛是紅色的。不過在一大堆紅眼果蠅中，偶爾會出現白眼果蠅。摩根試著將紅眼果蠅和白眼果蠅雜交，生下的第一代白眼果蠅全都是雄性。

這時已經知道決定果蠅性別的是該個體的「性染色體」。雌性個體與雄性個體的性染色體不同，如右下插圖所示。由摩根的實驗可以知道，決定果蠅眼睛顏色的基因位於性染色體上，亦可證實過去研究中提到的假說「攜帶基因的是染色體」。

## 果蠅的基因地圖

摩根的研究室製作了「基因地圖」，在果蠅的染色體上標出各個基因的位置。這個基因地圖是歷史上第一個基因地圖。

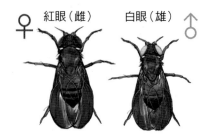

紅眼（雌）♀　　白眼（雄）♂

---

**染色體的放大圖**

專欄
COLUMN

### 為什麼會稱為「染色體」？

「染色體」這個名稱和細胞觀察的歷史有關。在紡織業迅速發展的19世紀，人們開發出了各種顏色的染料用來染布。當時的布全都是來自生物的纖維，也可以說是一群細胞的集合。細胞學家用某種染料為細胞染色，然後放到顯微鏡下觀察，發現細胞內只有「細胞核」被染得很深。德國的解剖學家弗萊明（Walther Flemming，1843～1905）發現染色的細胞核內有絲狀物質，遂將其命名為「染色質」。

染色分體　染色分體

## 染色體位於細胞核

構成生物的每個細胞內都有染色體。不過,平常看不到染色體。只有在細胞分裂的時候,絲狀物質才會變成棒狀,成為我們看到的染色體(參考第44頁)。另外,人類的染色體共有46條,請參考以下插圖。

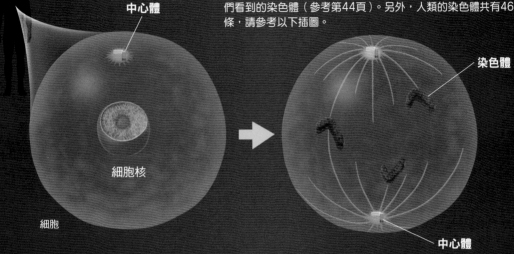

人

中心體

細胞核

細胞

染色體

中心體

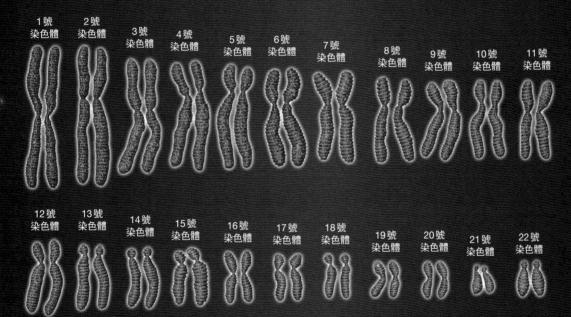

1號
染色體　2號
染色體　3號
染色體　4號
染色體　5號
染色體　6號
染色體　7號
染色體　8號
染色體　9號
染色體　10號
染色體　11號
染色體

12號
染色體　13號
染色體　14號
染色體　15號
染色體　16號
染色體　17號
染色體　18號
染色體　19號
染色體　20號
染色體　21號
染色體　22號
染色體

性染色體

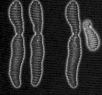

女性
性染色體　男性
性染色體

## 人類細胞有46條染色體

一套人類染色體有23條。體細胞有兩套染色體,共有46條染色體。除了卵與精子之外,體內所有細胞的細胞核都擁有這46條染色體。人類的一套23條染色體中,22條為「體染色體」(上方插圖);另外一條則是「性染色體」(左方插圖)。我們的染色體有一套來自父親(n = 23),一套來自母親(n = 23),故有46條(2n = 46)。

＊n:表示一套基因。

有
絲
分
裂
與
減
數
分
裂

# 染色體傳給下一代時
# 會重新組合

**親** 代是如何將攜帶著基因的染色體傳給子代呢？

如左頁的插圖所示，親代會透過精子與

卵，將染色體傳給子代。如果子代直接繼承來自親代的染色體，那麼染色體的數量會變成親代的兩倍。為了防止這種事發生，親代

---

## 有絲分裂

染色體數目不變

父方染色體　　　　　　母方染色體

### 一般體細胞

1號　2號　3號

父方染色體對　　　　　　母方染色體對

### 染色體倍增

來自父方、母方的染色體各自複製，成為染色體對。複製後的染色體有一個凹陷處，像是被綁起來一樣。

1號　2號　3號

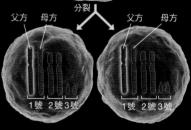

分裂

### 染色體對分離

不管是來自父方或母方的染色體對，都會沿著前一張圖中的藍色虛線分裂。從同一個染色體對分裂出來的兩個染色體，會分別分配到兩個細胞。這兩個細胞的染色體數與分裂前的細胞一樣，都是 6 條。

父方　母方　　　　　父方　母方

1號　2號 3號　　　　1號　2號 3號

---

## 從雙親身上
## 各獲得一半的染色體

下方是有性生殖的示意圖。父親和母親的體細胞都擁有兩套基因。經過「減數分裂」，形成精子與卵後，僅留下一套基因，如本頁右下插圖所示。當精卵結合時，兩者的基因都會傳給子代，故子代與雙親一樣擁有兩套基因（n代表一套基因）。

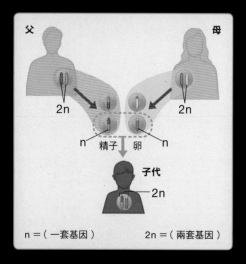

父　　　　　　　　母

2n　　　　　　　2n

n　精子　卵　n

子代

2n

n =（一套基因）　　　2n =（兩套基因）

---

## 細胞分裂有兩種

本頁包括分裂前後染色體數目相同的「有絲分裂」，以及分裂後染色體數目減半的「減數分裂」。形成精子與卵的時候，會進行「減數分裂」。

＊這裡假設細胞共有 6 條染色體，3 條來自父親，3 條來自母親，以此繪出兩種細胞分裂的示意圖。

精子時，需要經過「減數分裂」的

細胞分裂中，分裂後細胞的染色體□前細胞相同，如左下圖所示。不過□中，分裂後細胞的染色體數會減□下圖所示。而且減數分裂時，親代□「重新組合」（重組），得到組成不□體。

形成精子的時候，父親擁有的46條

染色體中，來自祖父的染色體與來自祖母的染色體會重組。減數分裂後，重新編成一套23條染色體，每個精子的染色體重編結果各不相同。卵子的情況也一樣。

當精子與卵結合時，染色體恢復成46條。我們便從父親和母親那裡各繼承了一套重組過的染色體。這就是為什麼子代會同時繼承雙親身上的某些特徵。

---

## 減數分裂

染色體數目減半
染色體會重新組合

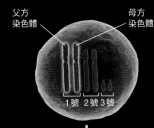

父方
染色體　　　　　母方
　　　　　　　　染色體

製造精子或卵的細胞

1號　2號 3號

### 染色體倍增、重組

與體細胞一樣，來自父方、母方的染色分體各自複製，成為染色分體對。接著父方染色分體對與母方的染色分體對會互換一部分（此重組過程稱為聯會）。

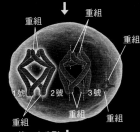

重組　　重組　　　重組

1號　　2號　　3號

重組　　重組　　重組

第一次分裂

### 同源染色體分離

第一次分裂時，來自父方與母方的染色體會保持染色體對的型態彼此分開，各自分配到一個細胞內。但嚴格來說，因為經過重組，不能說完全來自父方或母方。

染色對維持原樣　　　染色對維持原樣

1號　2號　3號　　　1號　2號　3號
（父方）（母方）（母方）　（母方）（父方）（父方）

第二次分裂　　　　第二次分裂

### 染色體對分離

第二次分裂時，染色體對會沿著前圖中的藍色虛線位置分離成兩個染色體，各自分配到一個子代細胞中。子代細胞有 3 條染色體，是原來的一半。

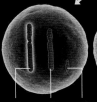  

1號　2號　3號　　1號　2號　3號　　1號　2號　3號　　1號　2號　3號
（父方）（母方，（母方，（父方，（母方，（母方，（母方）（父方，（父方，（父方，（母方，（父方，（父方）
　　　重組）重組）重組）重組）　　　重組）重組）重組）重組）

# 「DNA」 就是基因

科 學家瞭解到基因位於染色體之後，進 而研究染色體的成分，並得知染色體 是由「核酸」與「蛋白質」組成。

那麼，什麼才是基因的本體呢？當初認為 是蛋白質。因為蛋白質的種類繁多，每種蛋 白質都有不同功能。不過，根據美國學者埃弗 里（Oswald Avery，1877～1955）在1944 年的研究，以及赫希（Alfred Hershey， 1908～1997）與蔡斯（Martha Chase， 1927～2003）在1952年的實驗結果顯示，基 因的本體並不是蛋白質，而是核酸，也就是 DNA（去氧核糖核酸，deoxyribonucleic acid）。

後來，在一群英國科學家的努力下，終於 弄清楚DNA的「雙螺旋結構」。

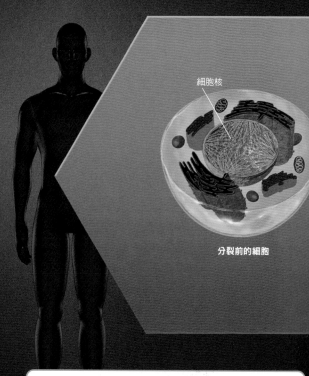

細胞核

分裂前的細胞

## 染色體是DNA纏繞蛋白質的產物

右方插圖中的染色體是由兩個染色分體組成。染色體由 DNA與名為「組蛋白」的蛋白質組成。DNA會在一個組蛋 白上纏繞兩圈，間隔一段DNA後再纏繞下一個組蛋白，在 顯微鏡下看起來就像「用線串起來的珠子」一樣。DNA與 蛋白質的複合體稱為「染色質」，染色質經過數個階段的巧 妙摺疊後，就可以得到染色體的外型。

組蛋白（蛋白質）

DNA

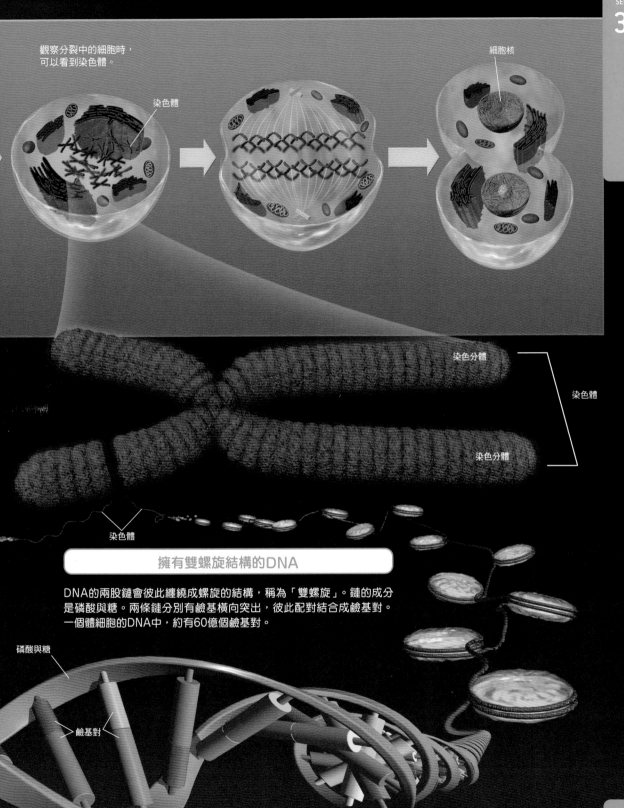

觀察分裂中的細胞時，
可以看到染色體。

細胞核

染色體

染色分體

染色體

染色分體

染色體

## 擁有雙螺旋結構的DNA

DNA的兩股鏈會彼此纏繞成螺旋的結構，稱為「雙螺旋」。鏈的成分
是磷酸與糖。兩條鏈分別有鹼基橫向突出，彼此配對結合成鹼基對。
一個體細胞的DNA中，約有60億個鹼基對。

磷酸與糖

鹼基對

# 四種鹼基只與固定的搭檔連結

構成DNA的四種鹼基會形成「鹼基對」，在雙螺旋中整齊排列。腺嘌呤必定與胸腺嘧啶配對，鳥嘌呤必定與胞嘧啶配對，形成彼此互補的雙股DNA鏈。也就是說，只要知道一股DNA上的鹼基序列，就可以解讀出另一股的鹼基序列。

發現DNA雙螺旋結構的是華生（James Watson，1928～）與克里克（Francis Crick，1916～2004）。鹼基對的配對方式，也是解開DNA複製機制的重要線索。

—— 原本的DNA

新合成的核苷酸

原本的DNA鏈鬆開

## 專欄 COLUMN　去氧核糖核酸

去氧核糖核酸是構成DNA的單位。細胞會以糖與胺基酸為材料，合成出DNA。除了做為遺傳密碼的「鹼基」之外，還包括鏈主幹上的糖與磷酸根。

磷酸根（原料階段時有三個磷酸根，形成DNA鏈時有兩個磷酸根斷開）

糖

鹼基

新合成的DNA鏈

## DNA的鹼基共有「ATGC」等四種

DNA擁有腺嘌呤（A）、胸腺嘧啶（T）、鳥嘌呤（G）、胞嘧啶（C）等四種鹼基。DNA形成雙螺旋結構時，一股鏈上的鹼基會與另一股鏈上的鹼基透過氫原子形成鍵結（氫鍵）。A與T之間可形成兩個氫鍵，G與C可形成三個氫鍵。除這之外，鹼基沒有其他配對方式。

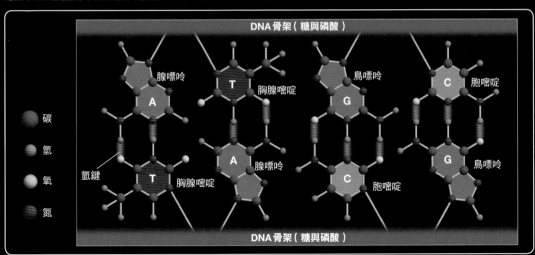

DNA骨架（糖與磷酸）

碳　氫　氧　氮

氫鍵

腺嘌呤　A
胸腺嘧啶　T
A　腺嘌呤
T　胸腺嘧啶

鳥嘌呤　G
C　胞嘧啶
G　鳥嘌呤

DNA骨架（糖與磷酸）

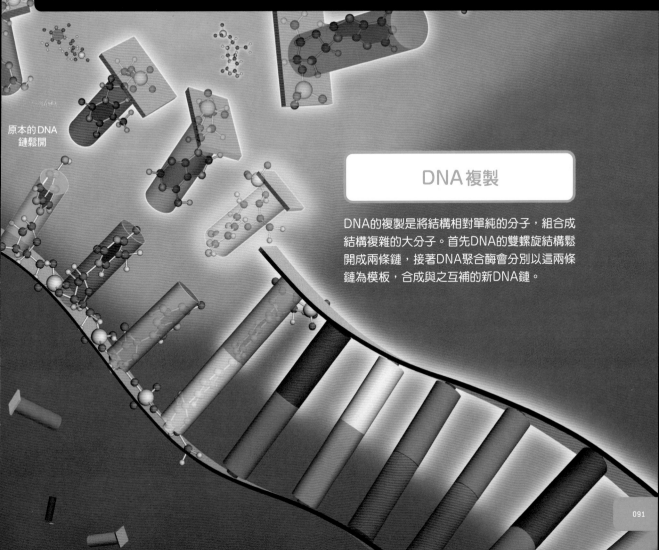

原本的DNA
鏈鬆開

## DNA複製

DNA的複製是將結構相對單純的分子，組合成結構複雜的大分子。首先DNA的雙螺旋結構鬆開成兩條鏈，接著DNA聚合酶會分別以這兩條鏈為模板，合成與之互補的新DNA鏈。

# 基因是蛋白質的設計圖

基因（DNA）到底是如何發揮作用的呢？

簡單來說，基因是「蛋白質」的設計圖，這些蛋白質會在細胞內外各處發揮功能。包括消化食物的酵素、產生動能的肌肉等等，幾乎所有生物功能都需要蛋白質（第98頁）。

從DNA到蛋白質的過程大致上可以分成兩個階段，那就是「轉錄」（transcription）與「轉譯」（translation）。

細胞在細胞核外製造蛋白質。不過記錄如何製造蛋白質的DNA卻無法離開細胞核。就像管理嚴格的圖書館，禁止將書攜至館外一樣。於是細胞需先將DNA上的資訊「複印」下來，稱為「轉錄」。

在這個階段「複印」出來的物質稱為「傳訊RNA」（messenger RNA, mRNA）。mRNA會與蛋白質的製造工廠「核糖體」結合。核糖體會以mRNA的資訊為基礎，將胺基酸連接起來合成蛋白質，這個過程稱為「轉譯」。

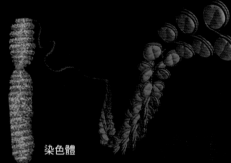

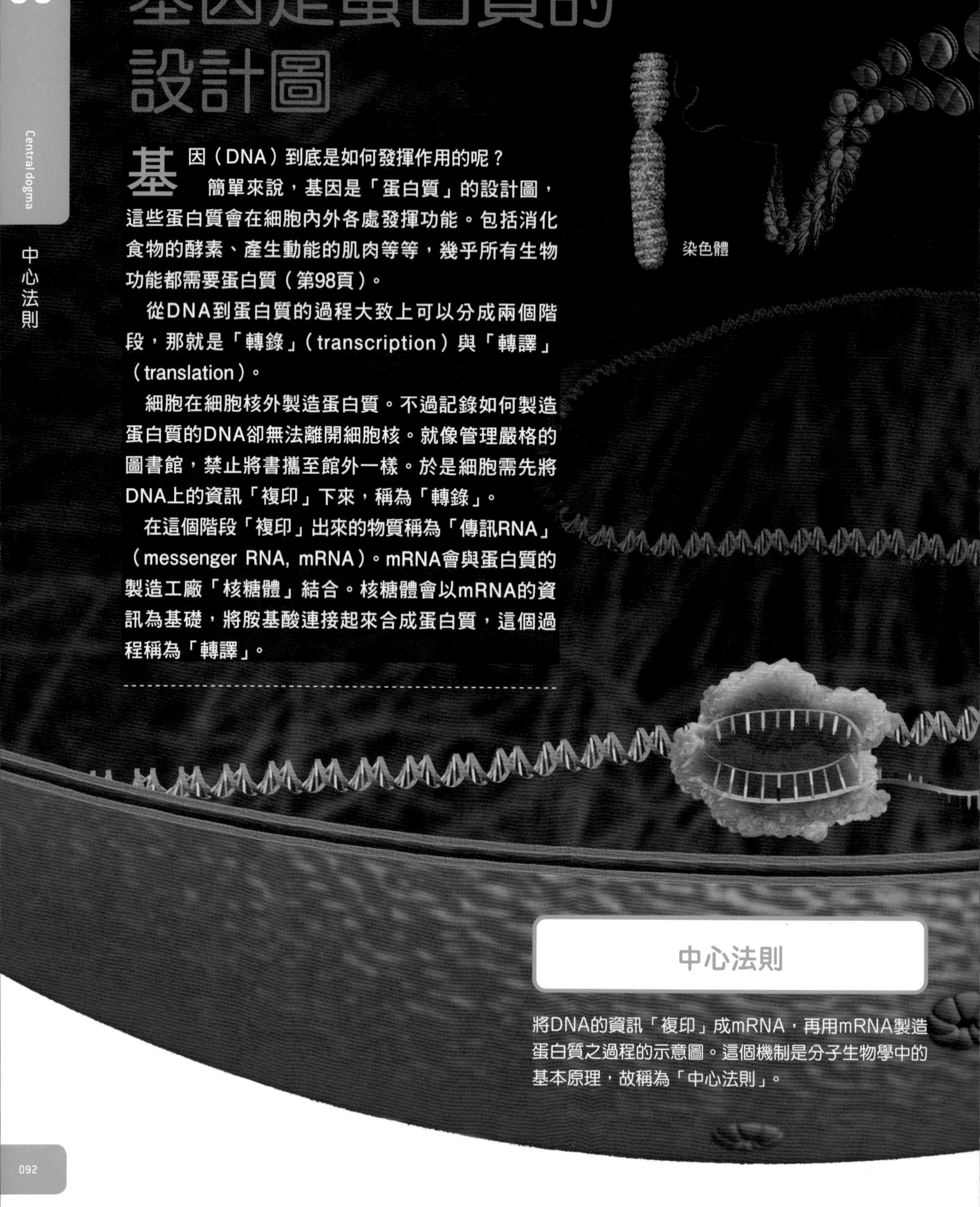

染色體

## 中心法則

將DNA的資訊「複印」成mRNA，再用mRNA製造蛋白質之過程的示意圖。這個機制是分子生物學中的基本原理，故稱為「中心法則」。

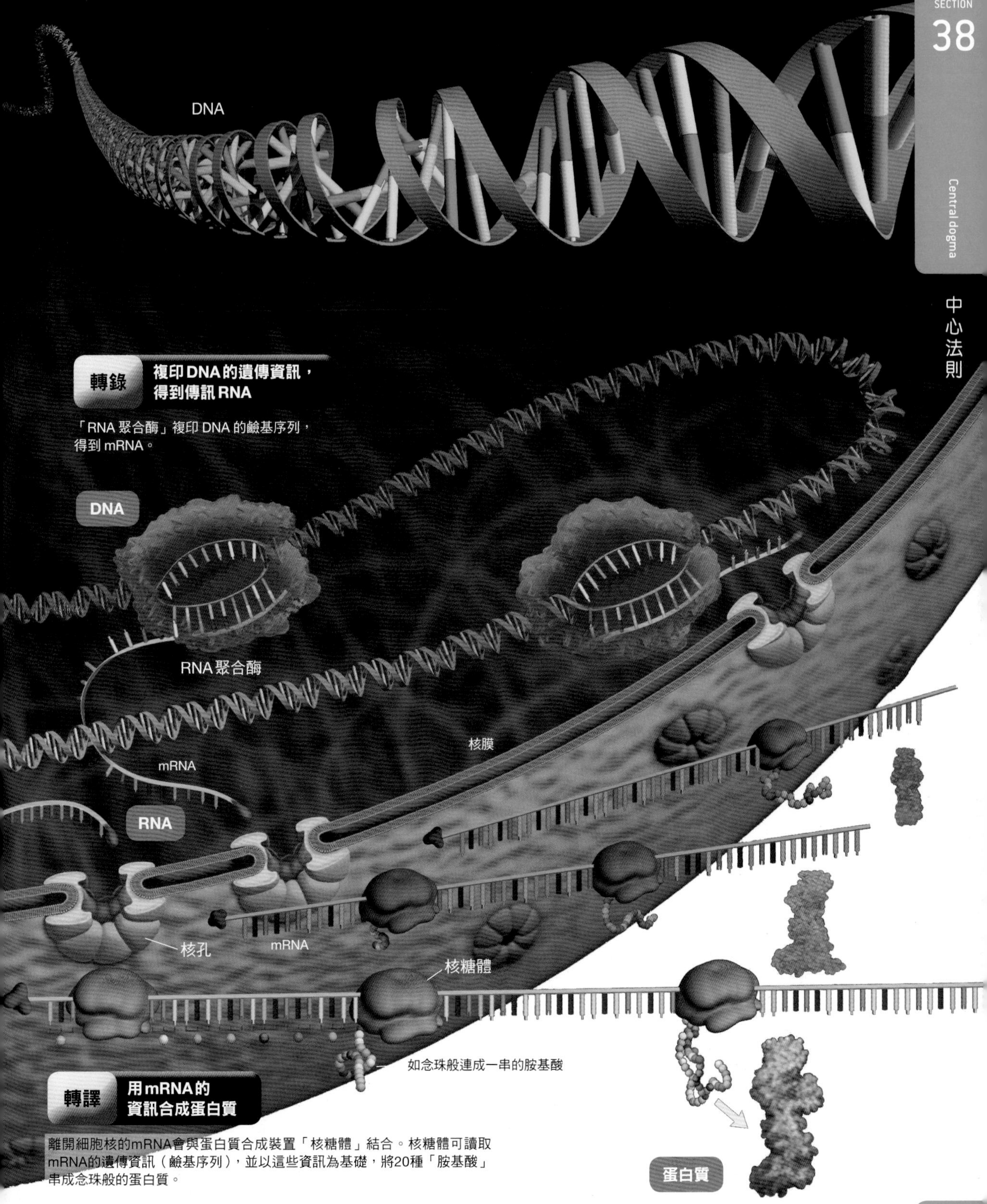

DNA

**轉錄** | **複印 DNA 的遺傳資訊，
得到傳訊 RNA**

「RNA 聚合酶」複印 DNA 的鹼基序列，
得到 mRNA。

**DNA**

RNA 聚合酶

核膜

mRNA

**RNA**

核孔　　mRNA　　核糖體

如念珠般連成一串的胺基酸

**轉譯** | **用 mRNA 的
資訊合成蛋白質**

離開細胞核的 mRNA 會與蛋白質合成裝置「核糖體」結合。核糖體可讀取
mRNA 的遺傳資訊（鹼基序列），並以這些資訊為基礎，將 20 種「胺基酸」
串成念珠般的蛋白質。

**蛋白質**

# 將DNA的資訊「轉錄」成「mRNA」

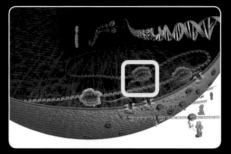

下方插圖為前頁黃色框框部分放大後的樣子。RNA聚合酶畫成了藍色。

## 鬆開雙股鏈,開始複印

DNA的雙股結構鬆開,RNA聚合酶以DNA為鑄模,開始合成mRNA的示意圖。另外,相對於RNA聚合酶,圖中的DNA與RNA在比例上誇大了一些。

RNA聚合酶的前進方向

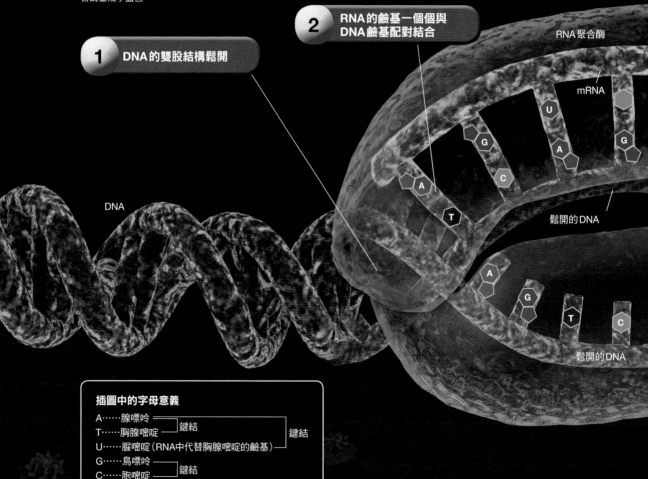

**2** RNA的鹼基一個個與DNA鹼基配對結合

**1** DNA的雙股結構鬆開

RNA 聚合酶

mRNA

U

G

A

G

C

A

T

鬆開的DNA

DNA

A

G

T

C

鬆開的DNA

### 插圖中的字母意義

A……腺嘌呤 ┐
　　　　　　├鍵結 ┐
T……胸腺嘧啶 ┘　　├鍵結
　　　　　　　　　　│
U……脲嘧啶(RNA中代替胸腺嘧啶的鹼基)┘

G……鳥嘌呤 ┐
　　　　　　├鍵結
C……胞嘧啶 ┘

再來看看DNA轉錄成mRNA（傳訊RNA）的過程。首先，「RNA聚合酶」這種蛋白質附著到DNA中記錄蛋白質資訊的部分（基因）。接著DNA的雙螺旋結構會鬆開一部分，露出鹼基。細胞核內部有無數DNA與RNA的材料：「由鹼基、糖（去氧核糖或核糖）、磷酸構成的分子」（核苷酸）。DNA露出鹼基後，RNA聚合酶就會開始運作，將擁有特定鹼基的核苷酸拉過來，與DNA的鹼基配對。

RNA聚合酶會一邊慢慢往前移動，一邊加上新的鹼基，合成出由鹼基、糖、磷酸構成類似DNA的鏈狀分子，這就是mRNA。不過，mRNA中，與腺嘌呤配對的不是胸腺嘧啶，而是稱為脲嘧啶的鹼基。

mRNA合成結束後，DNA會恢復成原本的雙股結構。

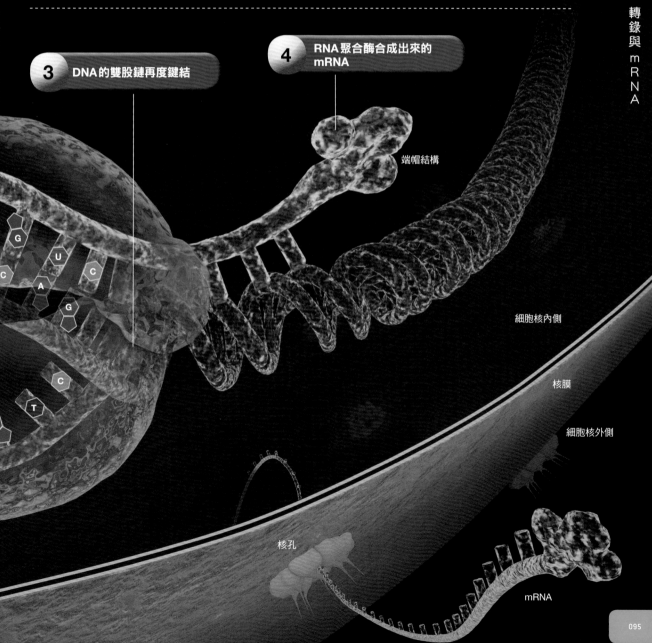

**3** DNA的雙股鏈再度鍵結

**4** RNA 聚合酶合成出來的 mRNA

端帽結構

G

U

C

A

G

C

T

細胞核內側

核膜

細胞核外側

核孔

mRNA

# mRNA在轉譯前需經過「編輯」

相當於DNA複本的mRNA剛合成出來時，不會直接送到細胞核外。mRNA在離開細胞核之前，需經過「編輯」。這個過程在生物學用語稱為「剪接」（splicing）。

DNA的鹼基序列中，散布著許多製造蛋白質時不會用到的資訊片段。因此，做為DNA複本的mRNA上也有許多不必要的資訊。這些資訊稱為「內含子」（intron）。

mRNA在真正轉變成蛋白質設計圖之前，需要先剪掉內含子，再將稱為「外顯子」（exon）的有意義部分連接起來。這個過程就像是將影片中不要的部分刪除，再將需要的內容連接起來一樣。

這個編輯作業稱為「RNA剪接」。負責RNA剪接工作是由6個次單元構成的裝置，稱為「剪接體」（spliceosome）。

與內含子末端（以AG鹼基序列為標記）結合的剪接體次單元

拉近內含子的開端與末端

被切下來的內含子（不久後將被分解）

外輪蛋白

## RNA剪接

依照❶～❺的順序刪除mRNA中不需要的部分，再將需要的部分連接起來。這個步驟稱為「RNA剪接」。

與內含子開端（以GU鹼基序列
為標記）結合的剪接體次單元

mRNA的頭部
（端帽結構）

**內含子（不需要的部分）**

**組合完成的剪接體**

**1 指出不需要的RNA區域**

負責剪掉內含子的裝置（剪接體）的兩個次單元，會分
別與內含子的開始處（以GU鹼基序列為標記）與內含
子的結束處（以AG鹼基序列為標記）結合（GU－AG
規則）。

拉近內含子的
開端與末端

**2 將不需要區域的首尾拉近**

其他次單元加入，組合成完整的剪接
體，並將內含子的首尾拉近，形成套索
般的形狀。

**3 剪掉不需要的區域**

剪接體經一系列化學反應，切除
mRNA上的內含子（RNA剪接完
成）。

**4 獲得前往細胞核外的通行證**

剪接結束後的mRNA會與「外輸蛋白」
（exportin）結合。外輸蛋白就像是讓
mRNA能夠通過核孔的「通行證」。

外輸蛋白

留在核內的
外輸蛋白

**核孔**
（沒有與外輸蛋白結合的
mRNA無法通過）

**5 通過關卡，前往核外**

與外輸蛋白結合的mRNA可以通過核
孔，來到細胞核之外。外輸蛋白則會
留在細胞核內。

# 胺基酸會依照RNA指定的順序，結合成蛋白質

20種胺基酸的「排列順序」，可以決定蛋白質的形狀。而決定這個排列順序的就是mRNA上的資訊。

mRNA記錄胺基酸排列順序時，會以三個鹼基為單位，形成一個「密碼子」（codon）。而整條mRNA就像一連串的「密碼」。三個mRNA鹼基可對應到

一個胺基酸。將兩者間的對應關係製成表，可以得到「遺傳密碼表」（右圖）。

而連接密碼子與胺基酸的工作，則是由「tRNA」（轉送RNA）這種分子負責。

tRNA與特定胺基酸結合後，會移動到核糖體，與mRNA的密碼子結合。所以，當核糖體在

mRNA上移動時，這些胺基酸就會依照mRNA上的順序進入核糖體，串聯成念珠般的結構。

而且，幾乎地球上的所有生物都共用這個遺傳密碼表。這表示，在所有生物的共同祖先誕生時，生物就會依照這個密碼表製造蛋白質。遺傳密碼表是所有生物的一大共通點。

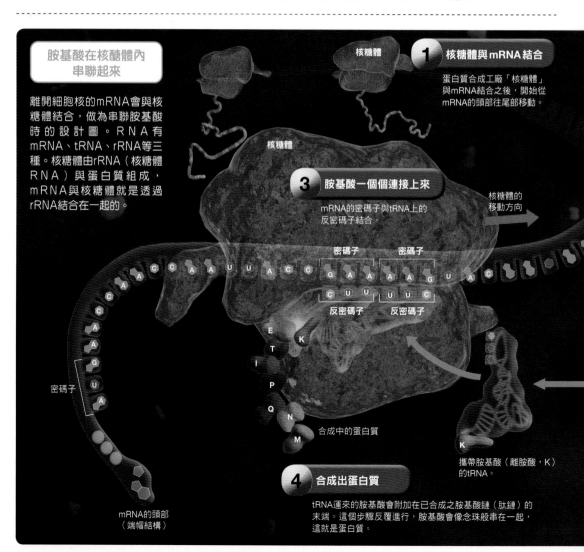

**胺基酸在核醣體內串聯起來**

離開細胞核的mRNA會與核糖體結合，做為串聯胺基酸時的設計圖。RNA有mRNA、tRNA、rRNA等三種。核糖體由rRNA（核糖體RNA）與蛋白質組成，mRNA與核糖體就是透過rRNA結合在一起的。

核糖體

**1 核糖體與mRNA結合**

蛋白質合成工廠「核糖體」與mRNA結合之後，開始從mRNA的頭部往尾部移動。

核糖體

**3 胺基酸一個個連接上來**

mRNA的密碼子與tRNA上的反密碼子結合。

核糖體的移動方向

密碼子　　密碼子

反密碼子　　反密碼子

合成中的蛋白質

密碼子

攜帶胺基酸（離胺酸，K）的tRNA。

**4 合成出蛋白質**

tRNA運來的胺基酸會附加在已合成之胺基酸鏈（肽鏈）的末端。這個步驟反覆進行，胺基酸會像念珠般串在一起，這就是蛋白質。

mRNA的頭部（端帽結構）

# 三個鹼基可指定一個胺基酸

下表為mRNA的三個鹼基序列（密碼子）與胺基酸的對照表。這種對照表又稱為「遺傳密碼表」或「密碼表」。舉例來說，mRNA的三個鹼基序列「AUG」所指定的胺基酸，就是「甲硫胺酸」（methionine）。另外，常用的胺基酸表記方式有兩種，分別是三字母表記（例：Met）與單字母表記（例：M）。

第2個鹼基→

| 第1個鹼基↓ | | U | | C | | A | | G | | 第3個鹼基↓ |
|---|---|---|---|---|---|---|---|---|---|---|
| | | 密碼子 | 胺基酸 | 密碼子 | 胺基酸 | 密碼子 | 胺基酸 | 密碼子 | 胺基酸 | |
| U | | UUU | 苯丙胺酸（F） | UCU | 絲胺酸（S） | UAU | 酪胺酸（Y） | UGU | 半胱胺酸（C） | U |
| | | UUC | 苯丙胺酸（F） | UCC | 絲胺酸（S） | UAC | 酪胺酸（Y） | UGC | 半胱胺酸（C） | C |
| | | UUA | 白胺酸（L） | UCA | 絲胺酸（S） | UAA | 終止 | UGA | 終止 | A |
| | | UUG | 白胺酸（L） | UCG | 絲胺酸（S） | UAG | 終止 | UGG | 色胺酸（W） | G |
| C | | CUU | 白胺酸（L） | CCU | 脯胺酸（P） | CAU | 組胺酸（H） | CGU | 精胺酸（R） | U |
| | | CUC | 白胺酸（L） | CCC | 脯胺酸（P） | CAC | 組胺酸（H） | CGC | 精胺酸（R） | C |
| | | CUA | 白胺酸（L） | CCA | 脯胺酸（P） | CAA | 麩醯胺酸（Q） | CGA | 精胺酸（R） | A |
| | | CUG | 白胺酸（L） | CCG | 脯胺酸（P） | CAG | 麩醯胺酸（Q） | CGG | 精胺酸（R） | G |
| A | | AUU | 異白胺酸（I） | ACU | 蘇胺酸（T） | AAU | 天冬醯胺酸（N） | AGU | 絲胺酸（S） | U |
| | | AUC | 異白胺酸（I） | ACC | 蘇胺酸（T） | AAC | 天冬醯胺酸（N） | AGC | 絲胺酸（S） | C |
| | | AUA | 異白胺酸（I） | ACA | 蘇胺酸（T） | AAA | 離胺酸（K） | AGA | 精胺酸（R） | A |
| | | AUG | 甲硫胺酸（M） | ACG | 蘇胺酸（T） | AAG | 離胺酸（K） | AGG | 精胺酸（R） | G |
| G | | GUU | 纈胺酸（V） | GCU | 丙胺酸（A） | GAU | 天冬胺酸（D） | GGU | 甘胺酸（G） | U |
| | | GUC | 纈胺酸（V） | GCC | 丙胺酸（A） | GAC | 天冬胺酸（D） | GGC | 甘胺酸（G） | C |
| | | GUA | 纈胺酸（V） | GCA | 丙胺酸（A） | GAA | 麩胺酸（E） | GGA | 甘胺酸（G） | A |
| | | GUG | 纈胺酸（V） | GCG | 丙胺酸（A） | GAG | 麩胺酸（E） | GGG | 甘胺酸（G） | G |

## 2 tRNA 運送胺基酸過來

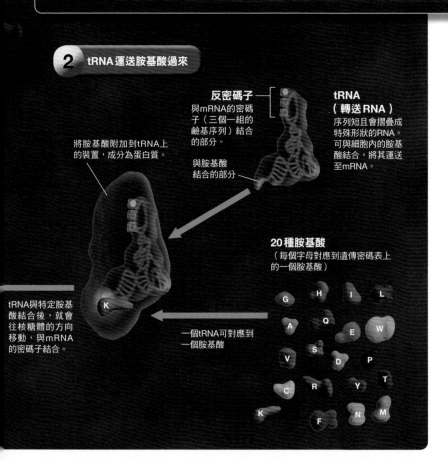

**反密碼子**
與mRNA的密碼子（三個一組的鹼基序列）結合的部分。

**tRNA（轉送RNA）**
序列短且會摺疊成特殊形狀的RNA。可與細胞內的胺基酸結合，將其運送至mRNA。

與胺基酸結合的部分

將胺基酸附加到tRNA上的裝置，成分為蛋白質。

**20種胺基酸**
（每個字母對應到遺傳密碼表上的一個胺基酸）

一個tRNA可對應到一個胺基酸

tRNA與特定胺基酸結合後，就會往核糖體的方向移動，與mRNA的密碼子結合。

# 用各種方法調控
# 「應該要表現哪個基因」

## 各種基因表現的調控

由DNA製造出蛋白質時,需經過「轉錄」與「轉譯」的過程。以下是調控過程的示意圖。藍框為針對DNA的調控、橘框為針對RNA的調控、綠框為針對蛋白質的調控。

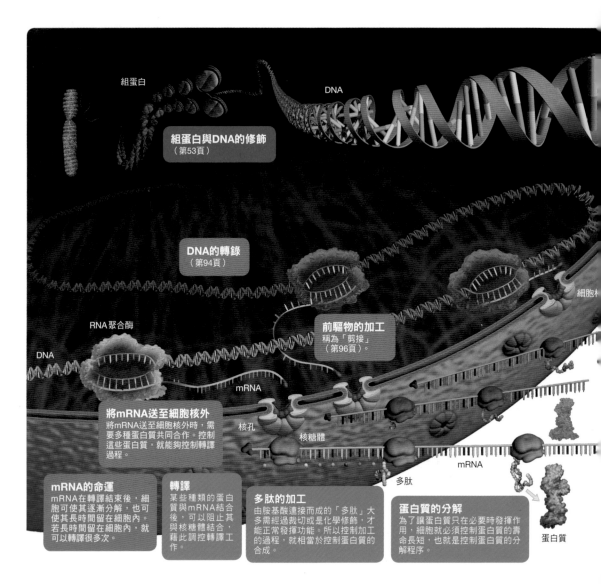

組蛋白

DNA

**組蛋白與DNA的修飾**
(第53頁)

**DNA的轉錄**
(第94頁)

細胞核

RNA聚合酶

**前驅物的加工**
稱為「剪接」
(第96頁)。

DNA

mRNA

**將mRNA送至細胞核外**
將mRNA送至細胞核外時,需要多種蛋白質共同合作。控制這些蛋白質,就能夠控制轉譯過程。

核孔

核糖體

mRNA

多肽

**mRNA的命運**
mRNA在轉譯結束後,細胞可使其逐漸分解,也可使其長時間留在細胞內。若長時間留在細胞內,就可以轉譯很多次。

**轉譯**
某些種類的蛋白質與mRNA結合後,可以阻止其與核糖體結合,藉此調控轉譯工作。

**多肽的加工**
由胺基酸連接而成的「多肽」大多需經過裁切或是化學修飾,才能正常發揮功能。所以控制加工的過程,就相當於控制蛋白質的合成。

**蛋白質的分解**
為了讓蛋白質只在必要時發揮作用,細胞就必須控制蛋白質的壽命長短,也就是控制蛋白質的分解程序。

蛋白質

生物個體中的每個細胞，都含有一套相同的DNA。但實際上，細胞並非任何時候都需要一整套的設計圖。

舉例來說，構成肌肉的細胞只需製造肌凝蛋白與肌動蛋白，所以這些細胞只要保持這些基因的運作即可。

如果細胞想在某特定時刻，讓特定基因運作的話，該怎麼做才好呢？左下圖說明了基因製造蛋白質時，能夠調控基因表現的部分。圖中可以看出，調控基因表現分好幾個階段。

以下用「DNA甲基化」為例，說明基因表現的調控。

DNA甲基化時，該部分的基因資訊便不會被讀取。在甲基化解除之前，這個部分的基因都會封印住。

如右下的例子所示，即使是基因完全相同的同卵雙胞胎，也會因為年紀的增加，鹼基甲基化的模式（methylation pattern，甲基化模式）出現差異。雙胞胎的成長環境越是不同，甲基化模式就相差越大。由此可以看出，甲基化模式會以某種形式受到環境的影響。

這種在不改變DNA鹼基序列的情況下，控制基因表現的行為及相關學問，稱為「表觀遺傳學」（epigenetics）。

---

## 基因完全相同的雙胞胎，「DNA甲基化」也不同

同卵雙胞胎的DNA完全相同。但兩人的DNA甲基化（圖中的紅色圓圈）鹼基位置並不相同，所以即使是同卵雙胞胎，也可能會表現不同的基因。

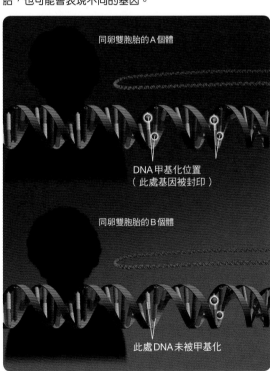

同卵雙胞胎的A個體

DNA甲基化位置
（此處基因被封印）

同卵雙胞胎的B個體

此處DNA未被甲基化

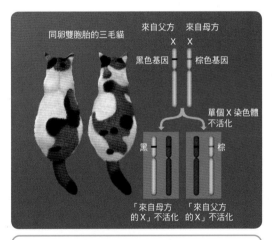

同卵雙胞胎的三毛貓

來自父方　來自母方
X　　　X

黑色基因　棕色基因

單個X染色體不活化

黑　　　棕

「來自母方的X」不活化　「來自父方的X」不活化

## 三毛貓的毛色各有差異，是因為甲基化的關係

決定貓毛色的基因中，「黑毛基因」與「棕毛基因」皆位於X染色體上。所以只有擁有兩個X染色體的雌貓，身上會同時擁有黑毛與棕毛，長成所謂的「三毛貓」。白毛部位則是由其他基因決定。

包括人類在內的所有哺乳類，雌性個體的兩個X染色體中，都有一個X染色體無法發揮正常功能，稱為「X染色體不活化」。這也和DNA的甲基化有關。X染色體不活化現象，會使僅表現黑毛基因的表皮細胞聚集處呈現黑色；僅表現棕毛基因的表皮細胞聚集處則呈現棕色。至於是哪個X染色體不活化，則是在胚胎發育初期時，各細胞分別隨機決定的。所以即使是同卵雙胞胎或人工複製的三毛貓，花紋也不盡相同。

# 人體約由10萬種 蛋白質構成

**基**因經「轉錄」、「轉譯」後製造出蛋白質。這些蛋白質在生物體內究竟有什麼用途呢？

事實上，生物體內幾乎所有作用都需仰賴蛋白質來完成。以我們人類來說，體內最多的物質就是蛋白質。構成人體內的蛋白質，種類約有10萬種。

蛋白質有許多不同的形狀，以及截然不同的功能。

舉例來說，我們毛髮、指甲的主要成分是角蛋白（keratin），構成肌肉的是肌動蛋白（actin）與肌凝蛋白（myosin），這些是構成身體外型「結構」的蛋白質。除此之外，有些蛋白質可以作為反應的「催化劑」（酵素），有些蛋白質可以「傳達」資訊（激素），有些蛋白質可「運送」物質（幫浦蛋白或通道蛋白），有些蛋白則可和物質「結合」（抗體與受體）。各種不同的蛋白質構成了我們的身體，並在我們體內執行各種功能。

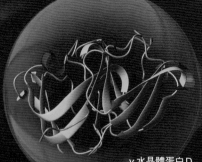

γ水晶體蛋白D
（PDB ID：1HK0，Basak等人，2003）

**水晶體蛋白**　眼睛水晶體的主要成分

水晶體蛋白是脊椎動物水晶體的主成分。水晶體之所以有折射率高、透明無色等特徵，就是因為這種蛋白質的特性。不過，它的運作機制至今仍未闡明。

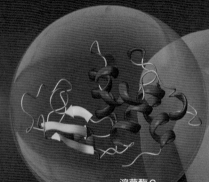

溶菌酶C
（PDB ID：1REX，Muraki等人，1996）

**溶菌酶**　保護身體免受細菌感染的酵素

溶菌酶這種蛋白質可以分解細菌的細胞壁，保護身體免受細菌感染。眼淚、鼻水等分泌液，以及卵白內都含有溶菌酶。

血紅素
α次單元
（PDB ID：1GZX，Paoli等人，1996）

**血紅素**　存在於血液中，可運送氧

血紅素是由兩種分子（α次單元與β次單元）各兩個組合而成（四聚體）的蛋白質。人類紅血球內含有許多血紅素，負責運送氧。四個次單元相對位置的變動，可以裝卸氧分子，最多可與四個氧分子結合。

※：本頁的蛋白質立體結構圖是用MOLMOL（Koradi等人，1996）製成。另外，各蛋白質結構的PDB ID、參考文獻等資料來源，皆列於立體結構圖的下方（作者，年份）。

## 蛋白質大概有多大呢？

肌紅素

**器官**
公分級大小。心臟約與握緊的拳頭差不多大。

**組織**
由細胞聚集而成的組織，為微米級～公分級大小。

**細胞**
微米級大小。動物細胞大致上都在10～30微米左右。

**蛋白質**
奈米級。「肌紅素」約為4奈米大。

假設最右邊的肌紅素與高爾夫球一樣大，那麼細胞就和東京巨蛋差不多大。心臟則相當於直徑等於東京到鹿兒島直線距離的球。

β肌動蛋白
（PDB ID：2BTF，Schutt等人，1993）

**肌動蛋白**　　**構成肌肉的蛋白質**

肌動蛋白與肌凝蛋白皆為構成肌肉的蛋白質。另外，肌動蛋白和細胞分裂有關，也是細胞骨架的一部分。

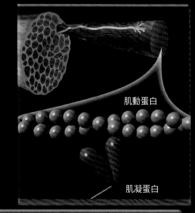

肌動蛋白

肌凝蛋白

膠原蛋白 α 鏈
（PDB ID：1BKV，Kramer等人，1999）

**膠原蛋白**　　**填滿細胞間的縫隙**

哺乳類個體中，膠原蛋白約佔體重的6％，所有蛋白質的三分之一。膠原蛋白由3條鏈（α鏈）組成，可以連結不同的細胞。

**肌凝蛋白**　　**像馬達般的分子**

肌肉收縮時，肌凝蛋白中外型如兩隻腳的分子會在肌動蛋白上滑動。也就是說，肌凝蛋白可以自己動起來，是一種「分子馬達」。

# 「人類基因體」 的位元組數還不到1GB

人類的「基因體」是一套染色體,也就是一個卵或精子所含有的染色體,大約由30億個鹼基構成的序列,就是人類全部的基因資訊。不過,並非30億鹼基全都是蛋白質的設計圖。一個蛋白質的設計圖約由數千~數萬鹼基構成,稱之為基因,這些基因分散在30億鹼基的各處。人類約擁有2萬個基因。

若將這30億個鹼基序列以字母表示,再轉換成數位資料,大小約為「750 MB」(MB為百萬位元組),大約與一張CD的資料量差不多。不過,如果把這些字母印在紙上,紙張總厚度可達300公尺,可說是相當龐大的資訊。

為什麼基因體的資訊量那麼多?個體又是如何使用這些資訊的呢?事實上,做為蛋白質設計圖的鹼基序列僅占基因體的2%。另外約有80%與轉錄與轉譯的調控有關。

至於剩下的18%,多為一定長度的鹼基序列反覆出現而形成的「重複序列」。大部分的重複序列功能不明。一般將不屬於蛋白質設計圖的DNA稱為「非編碼DNA」(non-coding DNA)。這裡的「編碼」是指蛋白質的設計資訊。

---

## 蛋白質的設計圖僅占 2%

將人類基因體比喻成書籍時的示意圖。基因體中,做為蛋白質設計圖的部分僅約2%。一般來說,擁有蛋白質的設計資訊的DNA複本——mRNA的長度約為數百至數千鹼基。另一方面,「調控用」的RNA則是其他DNA序列的複本,有些長達2萬個鹼基,有些則短到只有20~30個鹼基。

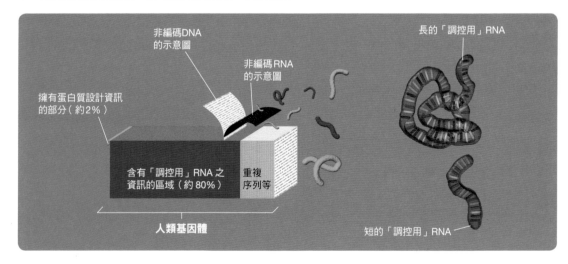

非編碼DNA 的示意圖

非編碼RNA 的示意圖

長的「調控用」RNA

擁有蛋白質設計資訊 的部分(約2%)

含有「調控用」RNA之 資訊的區域(約80%)

重複 序列等

人類基因體

短的「調控用」RNA

# 人類基因體的容量

染色體、DNA、基因體關係的示意圖。若將30億個字母的鹼基寫在一般A4紙（厚度約為0.1毫米）上，一張紙寫1000個字母，需要的紙張總厚度約為300公尺。若將這些資訊轉換成數位資料，約為750MB。

**人類的 46 條染色體**

1號
2號

3號 4號
5號 6號 7號
8號 9號 10號 11號

12號
13號 14號 15號
16號 17號 18號 19號
20號 21號 22號
X
Y

每個細胞的細胞核內都含有這些染色體

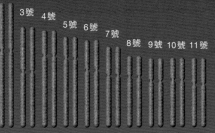

皮膚細胞

血液細胞

神經細胞

容量 1 GB（≒1000 MB）的 SD 卡

1GB

300公尺

| A | T | G | C |
|---|---|---|---|
| ↓ | ↓ | ↓ | ↓ |
| 00 | 01 | 10 | 11 |

將四種鹼基轉換成數位資料後，一個字母（A、T、C、G）的資料量相當於兩個位元（00、01、10、11）。

105

# 使DNA迅速倍增的「PCR法」

COLUMN

Polymerase chain reaction

聚合酶連鎖反應

**P**CR是聚合酶連鎖反應（polymerase chain reaction）的英文縮寫。提到PCR，可能會聯想到檢測某些病毒的方法，但這其實只是PCR的應用之一。簡單來說，PCR就是「增幅DNA的方法」，除了醫學領域之外，也常應用在生物學、農學等各學術領域。

## 在高溫下鬆開，再以酵素合成

PCR的機制基本上可以分成三個階段（如下圖）。

①首先，將想要增幅（大幅增加數量）的DNA加熱到90℃以上的高溫，此時DNA的兩股鏈會鬆開，成為兩條個別的DNA鏈。

②接著將溫度降至50～60℃，使DNA的兩個端點分別與「引子」（primer）結合。引子是一條相當短的DNA鏈，用以指定欲增幅之DNA的開始位置。我們將這個過程稱之為「貼合」

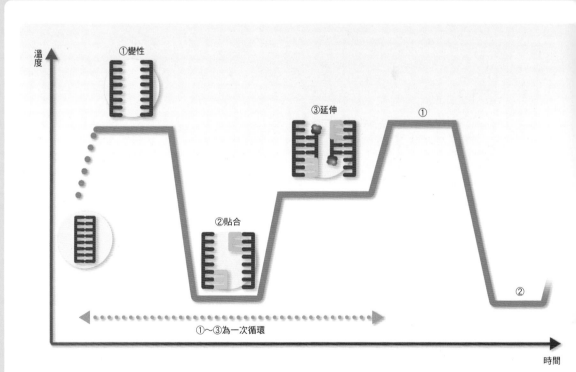

**PCR的機制**

只要升降溫度，就會自動進行階段①～③，複製DNA。溫度的設定值與每個階段需要的時間，則由欲增幅之DNA的長度決定。如果檢測的是新冠病毒這種RNA基因體的病毒，要在一開始時用RNA製造出DNA（反轉錄）。這種PCR稱為「RT-PCR」，RT是反轉錄（reverse transcription）的英文縮寫。

（annealing）。

③最後，稍微提高溫度至約70℃，使「DNA聚合酶」這個酵素開始運作。DNA聚合酶會依照原本的DNA鹼基序列，將零散的鹼基一一連接起來，形成新的DNA。這樣就完成了一組DNA複本。再經過一個循環，可以得到4份相同的DNA；再下一個循環，可以得到8份。DNA的分數就這樣持續倍增。

PCR的優點在於，只要提高、降低溫度，就可以持續反應。

## 製作可以檢測
## 特定病毒的引子

可以用PCR法來檢測個體是否被特定病毒感染。此時需要的是，能夠與欲檢測病毒之DNA結合的引子。

為此必須先解開病毒的基因體，然後從一整套鹼基序列中，找出相對較短、且只有該病毒才有的特殊鹼基序列，再用該鹼基序列來設計引子。

從個體身上採取鼻黏液，再用這些引子進行PCR。要是黏液中存在該病毒的話，病毒DNA就會被增幅。另一方面，要是體內沒有該病毒，或者只有其他種類的病毒，由於引子沒辦法與之結合，所以無法增幅DNA。綜上所述，PCR可以幫助我們檢測體內有沒有特定病毒。

### PCR用的小型容器

PCR用的小型容器。可以裝入大量耐熱型DNA聚合酶與引子。

· 耐熱型DNA聚合酶
· 作為模板的DNA
· 引子
· 鹼基

PCR使用的引子相當重要。引子是欲增幅之DNA上的一段特殊鹼基序列，約有15～20個鹼基。以新冠肺炎病毒為例，WHO發表了三種引子，其中一個的鹼基序列為「ATGAGCTTAGTCCTGTTG」。

# 4

# 生殖與性別

Reproduction and sex

# 生殖分為
# 有性生殖與無性生殖

從細菌到人類，所有生物都可以產生出與自己同種類的個體。這種「產生新個體的能力」，在生物學上稱為「生殖」，又稱「繁殖」。

生物的生殖方法有很多種，大致上可以分成「無性生殖」（asexual reproduction）與「有性生殖」（sexual reproduction）兩類。

生物學上的「性」或「性別」，代表存在雌雄之分，為兩種生殖方式的最大差異。多數動物的性別都是由性染色體決定。不過也有些生物是雌雄同體，甚至會轉換性別。本章中，讓我們來看看生物學中的生殖與性別。

----

### 無性生殖 （第112頁）

#### 繁殖後代時，無關性別
常見於細菌、原生動物等單細胞生物的生殖方式。一個個體可在細胞分裂後，直接變成兩個。由無性生殖產生的新個體，遺傳資訊與親代完全相同，稱為親代的「克隆」（clone）。在穩定適合生存的環境下，無性生殖可迅速增加個體數目。

**綠膿桿菌**
細菌的一種，廣泛存在於生活環境中。

**海葵**
刺胞動物的一種。會用身體的一部分行出芽生殖。「芽」長大後會與母體斷開，形成新的個體。

## 有性生殖 （第114頁）

**雌性與雄性個體會分別製造不同的配子**

有性生殖中,兩種生殖細胞(配子)合體後的細胞會發育成新的個體。舉例來說,像是獅子之類的動物,雄性與雌性個體會分別製造「精子」與「卵」等配子。

獅
小獅子繼承了父親與母親各一半的基因。

專欄
COLUMN **單性也可以產生新的個體**

由卵直接發育成新個體的生殖方式,稱為「孤雌生殖」(第115頁)。舉例來說,水蚤通常僅由雌性進行孤雌生殖。蜜蜂的巢內有一隻蜂后與數千隻雌蜂(工蜂),以及數百隻雄蜂。每隻蜜蜂都是蜂后的子女。雄蜂是由孤雌生殖產生卵再誕生的個體,染色體只有雌蜂的一半,屬於「單倍體」。雄蜂與蜂后交配後產生的受精卵則是「二倍體」。

蜜蜂

水蚤

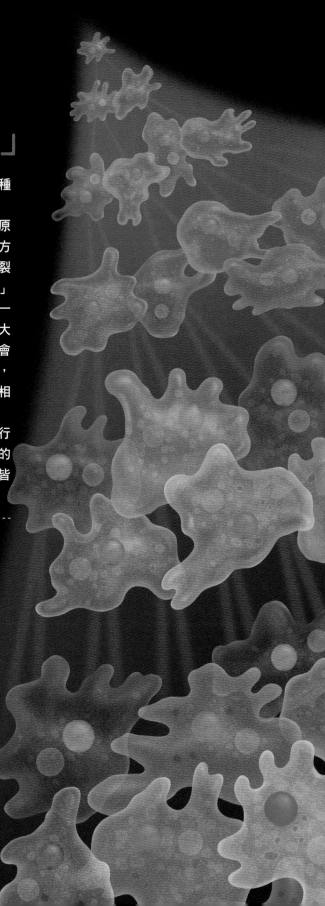

# 完全複製的「無性生殖」

生物以無性生殖產生新個體時，有幾種方法。

第一種是由細胞分裂增加個體。細菌、原生動物就是用這種方式無性生殖。另一方面，海葵、水母等刺胞動物會透過細胞分裂長出「芽」，再形成個體，稱為「出芽」（budding）。所謂的出芽，是原本個體的一部分往外突出，接著逐漸長成「芽」。長大後的「芽」有些會與原個體分離，有些則會一直連在母體身上。不管是分裂還是出芽，產生的子代個體皆與原個體的基因完全相同，是原個體的完全複製品。

另外，許多植物可以行有性生殖，也能行無性生殖。在地上匍匐伸長，產生新個體的「匍匐莖」，以及「零餘子」（右頁下方）皆為無性生殖的例子。

------------------------------------------------

## 無性生殖的種類

無性生殖包括「分裂」、「出芽」、「營養繁殖」。插圖為透過細胞分裂增加個體數量的阿米巴原蟲（原生生物）。

## 分裂

### 母細胞分裂成兩個子細胞

插圖為阿米巴原蟲（原生生物）的分裂生殖。1 個細胞分裂後變成 2 個，2 個分裂後變成 4 個，接著變成 8 個，細胞數持續倍增。

## 出芽

### 像芽一樣逐漸膨脹，然後獨立

照片為「奶嘴海葵」。除了行出芽增加個體數量之外，也會行有性生殖。

## 營養繁殖

### 由根、莖、葉產生新個體

營養繁殖是植物的生殖方式。植物可透過根、莖、葉等營養器官來繁殖下一代。照片是日本薯蕷的「零餘子」。零餘子是植物體的一部分膨大而成，離開植物體後會長成一個新個體。

# 「有性生殖」的子代各自不同

有性生殖中，親代的配子結合後，會產生遺傳上與親代略有差異的子代。

如同在第 2 章中看到的，人類會透過減數分裂製造卵與精子。減數分裂時，卵分配到的染色體有 $2^{23}$（約840萬）種以上的組合，精子分配到的染色體也有 $2^{23}$（約840萬）種以上

的組合。兩者結合後得到的受精卵，其染色體則有約70兆種組合。得到染色體完全相同之子女的機率，幾乎等於零。因此，兄弟姊妹間的基因組成各有不同。綜上所述，有性生殖可以產生各種變異的子代。

---

> 有性生殖的親代與
> 子代擁有不同基因

有性生殖中，子代會從雄性親代與雌性親代分別繼承一部分染色體（基因）。所以親子間或兄弟姊妹間的基因不會完全相同。

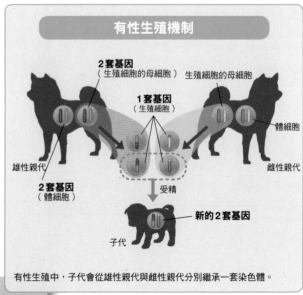

**有性生殖機制**

2套基因
（生殖細胞的母細胞）

生殖細胞的母細胞

1套基因
（生殖細胞）

體細胞

雄性親代

雌性親代

2套基因
（體細胞）

受精

新的2套基因

子代

有性生殖中，子代會從雄性親代與雌性親代分別繼承一套染色體。

狗（柯基犬）的親子。
兄弟姊妹之間，皮毛的
花紋略有差異。

## 孤雌生殖中，
## 卵可單獨發育成個體

脊椎動物中，大約每1000種就有 1 種是孤
雌生殖，包括某些魚類、爬行類、兩生類。
鯽魚中的藍氏鯽（左下）中，雌性個體誕下
的卵可單獨發育成個體。不過，卵需要精子
的「刺激」，才會開始發育。鯉科魚類之雄
性個體的精子，皆可刺激卵的發育。另外，
蚜蟲（右）在夏天時會產下二倍體的卵，發
育後可成為雌性個體。秋天時則會產下少一
條染色體的卵，發育後會成為雄性個體，能
與雌性個體進行有性生殖。

蚜蟲與蟻

藍氏鯽

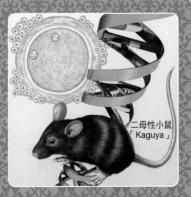

二母性小鼠
「Kaguya」

專欄
COLUMN

### 在實驗室實現哺乳類的
### 孤雌生殖

自然界中已知的哺乳類生物並沒有孤雌生殖的例子。這是因
為哺乳類的卵與精子在受精前，各自有某些基因會「甲基
化」（第53頁），使卵與精子的分工十分明確。不過，已有
研究團隊在實驗室中，透過基因工程的方式，用兩個小鼠的
卵合成出一個胚胎，並發育成成體。這個「二母性小鼠」的
身體大小比一般小鼠略小，身體的功能正常，亦可繁殖出下
一代。

# 性別是
# 如何決定的？

哺乳類的性別由染色體決定。雄性親代有兩個性染色體，在卵受精的瞬間，會決定子代繼承了雄性親代的哪個性染色體。爬行類中的蛇類，還有鳥類也類似。不過蛇類與鳥類子代的性別，是由來自雌性親代的性染色體決定（右下圖）。另一方面，也有某些生物的性別不是由染色體決定。

舉例來說，爬行類為卵生，而有些爬行類子代的性別會由受精卵孵化環境的溫度決定。多數蜥蜴在低溫環境下孵化時是雌性，高溫環境下孵化時是雄性。另外，所有鱷魚和大多數龜類，以及一部分的蜥蜴也是由孵化溫度決定子代性別。

對這些生物來說，溫度僅能於受精後的一段時間內決定性別。孵化後，個體的性別就不會受到溫度的影響了。

另外，某些生物會依成長的位置決定性別，稱為「位置相關的性別決定」（location-dependent sex determination）。「裂蟲」（*Bonellia fuliginosa*）是生活在海底的蟲蟲的親戚。裂蟲的幼體如果在海底長大，會成為雌性個體；如果被雌性成體吞進體內，在雌性成體內生長的話，則會成為雄性個體。雌性個體的身長約為10公分。相較之下，雄性個體非常小，只有1～3毫米。雄性個體會在雌性個體內生活，製造精子。

---

## 性染色體的組合與性別

性染色體的組合可以分成「雄異配子型」與「雌異配子型」兩種（異配子是兩個性染色體不同的意思）。

**雌異配子型** ｜ 兩個性染色體不同的個體為雌性

若觀察到「雄性擁有兩條相同的性染色體」，則定義這種生物的雄性個體性染色體為ZZ，雌性個體為ZW。鳥類等生物為雌異配子型。

| ZZ | 雄 |
| ZW | 雌 |

| XY | 雄 |
| XX | 雌 |

**雄異配子型** ｜ 兩個性染色體不同的個體為雄性

人類、果蠅等生物屬於「雄異配子型」。兩個性染色體不同的個體性別為雄性。

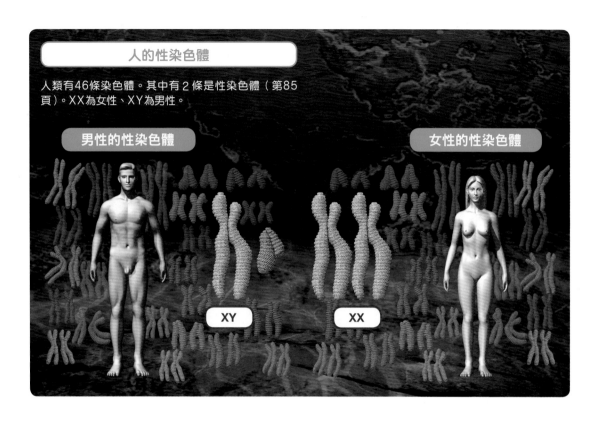

## 人的性染色體

人類有46條染色體。其中有2條是性染色體（第85頁）。XX為女性、XY為男性。

**男性的性染色體**

**女性的性染色體**

XY

XX

## 哺乳類、爬行類、鳥類的性別決定

以下為羊膜動物（哺乳類、爬行類）的系統關係與其性別決定樣式。哺乳類的雌性是XX、雄性是XY，屬於「XY型」。多數爬行類動物的性染色體是由「Z染色體」與「W染色體」構成的「ZW型」。另外有一部分爬行類的性別是由孵化時的溫度決定，屬於「溫度型」。

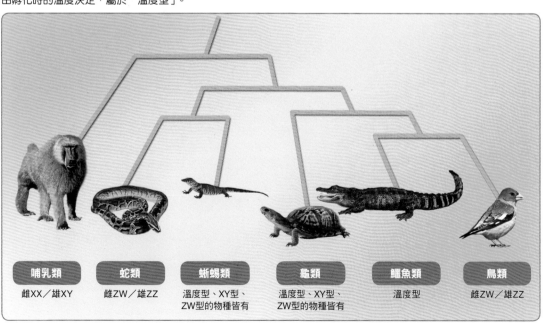

| 哺乳類 | 蛇類 | 蜥蜴類 | 龜類 | 鱷魚類 | 鳥類 |
|---|---|---|---|---|---|
| 雌XX／雄XY | 雌ZW／雄ZZ | 溫度型、XY型、ZW型的物種皆有 | 溫度型、XY型、ZW型的物種皆有 | 溫度型 | 雌ZW／雄ZZ |

# 使男女身體有別的「SRY基因」

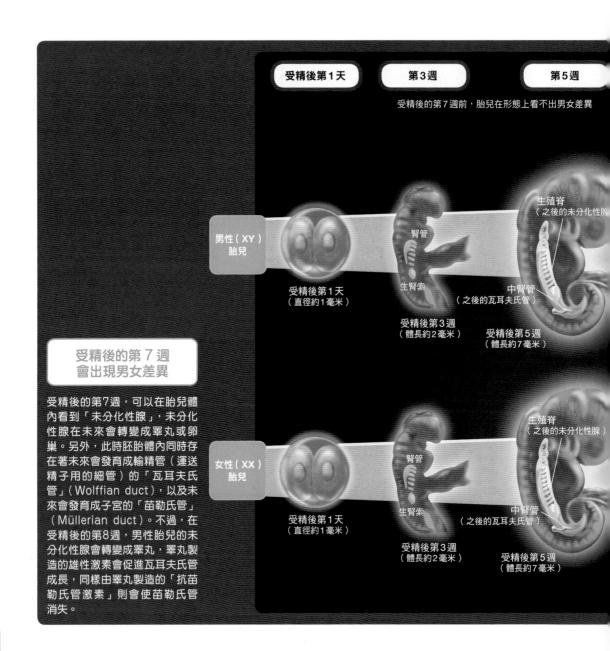

受精後第1天　　第3週　　第5週

受精後的第7週前，胎兒在形態上看不出男女差異

男性（XY）胎兒

受精後第1天
（直徑約1毫米）

腎管

生腎索

受精後第3週
（體長約2毫米）

生殖脊
（之後的未分化性腺）

中腎管
（之後的瓦耳夫氏管）

受精後第5週
（體長約7毫米）

女性（XX）胎兒

受精後第1天
（直徑約1毫米）

腎管

生腎索

受精後第3週
（體長約2毫米）

生殖脊
（之後的未分化性腺）

中腎管
（之後的瓦耳夫氏管）

受精後第5週
（體長約7毫米）

## 受精後的第7週會出現男女差異

受精後的第7週，可以在胎兒體內看到「未分化性腺」，未分化性腺在未來會轉變成睪丸或卵巢。另外，此時胚胎體內同時存在著未來會發育成輸精管（運送精子用的細管）的「瓦耳夫氏管」（Wolffian duct），以及未來會發育成子宮的「苗勒氏管」（Müllerian duct）。不過，在受精後的第8週，男性胎兒的未分化性腺會轉變成睪丸，睪丸製造的雄性激素會促進瓦耳夫氏管成長，同樣由睪丸製造的「抗苗勒氏管激素」則會使苗勒氏管消失。

人類的性別在受精卵形成的瞬間就已決定。不過胎兒剛開始發育時,不會出現男性或女性的特徵。在受精後的7週之前,都無法分辨出胎兒的性別。

受精後的第8週左右,才能辨別出胎兒的性別。擁有Y染色體的男性胎兒會發育出睪丸。另一方面,沒有Y染色體的胎兒(XX)不會發育出睪丸,而是在受精後12週左右發育出卵巢。

Y染色體上有「SRY基因」,SRY是sex-determining region on the Y chromosome的縮寫,意為Y染色體上性別決定的區域。SRY基因可以讓胚胎轉變成雄性。舉例來說,若在實驗中將小鼠的類似基因「Sry基因」放入雌性小鼠的受精卵內,那麼這個雌性小鼠會長出睪丸,轉變成雄性。

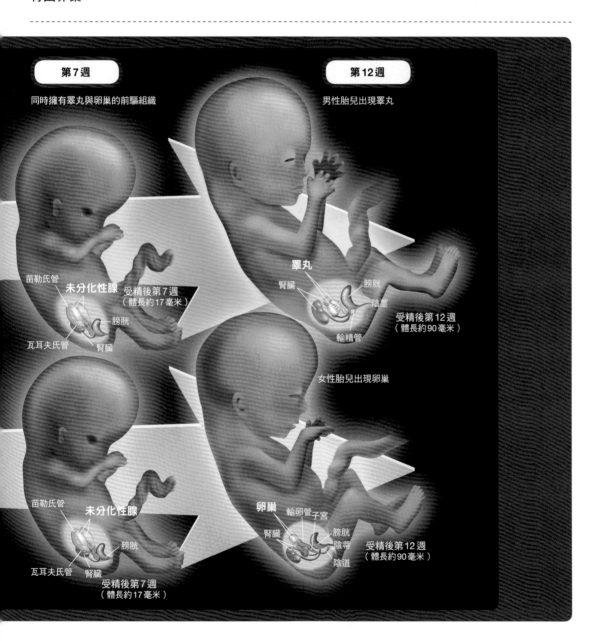

第7週
同時擁有睪丸與卵巢的前驅組織

苗勒氏管
未分化性腺
受精後第7週
(體長約17毫米)
膀胱
瓦耳夫氏管
腎臟

苗勒氏管
未分化性腺
膀胱
瓦耳夫氏管
腎臟
受精後第7週
(體長約17毫米)

第12週
男性胎兒出現睪丸

睪丸
腎臟
膀胱
陰莖
輸精管
受精後第12週
(體長約90毫米)

女性胎兒出現卵巢

卵巢
輸卵管子宮
腎臟
膀胱
陰蒂
陰道
受精後第12週
(體長約90毫米)

# 轉換性別的魚和植物

某些生物的性別並非終生不變，而是會有「性別轉換」（sex reversal）。脊椎動物中，某些魚類與兩生類就是這樣的動物。

在魚類的例子中，族群內體型最大的雌性個體轉變成雄性的轉換模式，稱為「雌性先熟」（protogyny）；體型最大的雄性個體轉變成雌性的轉換模式，稱為「雄性先熟」（protandry）。此外，還有某些魚類為雌雄同體，或是雌雄兩個性別皆可轉換成另一種性別，稱為「雙向性別轉換」。

本頁的插圖將以雌性先熟的隆頭魚，以及雄性先熟的雙鋸魚（克氏雙鋸魚）為例，說明魚類的性別轉換。

隆頭魚的雄性個體包括出生時就是雄性的「初級雄性」，以及體型增長後轉換性別，由雌性轉為雄性的「次級雄性」。次級雄性會與4～5隻雌性個體組成一夫多妻的家族。若家族中的次級雄性個體死亡，那麼體型最大的雌性個體就會轉換性別，變成雄性。棲息於海葵周圍的雙鋸魚類族群內，包含一隻雌性個體、一隻雄性個體，以及多隻未分化性別的幼魚。族群內體型最大的個體為雌性，這個雌性個體會與雄性個體組成一夫一妻的配對，繁殖後代。雌性個體死亡時，雄性個體會轉變成雌性個體；在未分化性別的幼魚中，則會有一隻幼魚轉變成雄性個體，與雌性個體交配，繁殖後代。

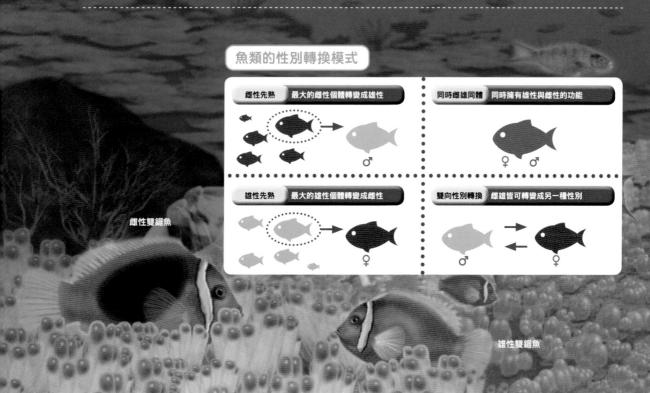

**魚類的性別轉換模式**

| 雌性先熟 最大的雌性個體轉變成雄性 | 同時雌雄同體 同時擁有雄性與雌性的功能 |
| 雄性先熟 最大的雄性個體轉變成雌性 | 雙向性別轉換 雌雄皆可轉變成另一種性別 |

雌性雙鋸魚

雄性雙鋸魚

幼魚

## 專欄 COLUMN 植物也會轉換性別

天南星科的天南星屬內有許多會轉換性別的物種。天南星屬的物種會在地下形成鱗莖，鱗莖的大小會影響到該年花朵的性別。鱗莖還很小時，個體不會開花；長到一定大小時，會開出雄花；長得更大時，會開出雌花。如果營養狀況變差，或者鱗莖變小的話，會再度變回雄花。照片為天南星科的物種「細齒南星」（*Arisaema serratum*）的花與果實。

次級雄魚

雌魚

隆頭魚的受精

## 雌變雄，雄變雌

「杜佩錦魚」（*Thalassoma duperrey*）是一種隆頭魚。大型雄性個體會在珊瑚礁周圍劃出自己的領地。產卵時，雄性個體會與另一隻雌性個體游向水面，雌性釋出卵，雄性釋出精子，使卵受精。這個雄性個體死亡後，族群內體型最大的雌性個體會轉變成雄性。雙鋸魚類則與隆頭魚相反，雌性個體的體型比雄性還要大，且是從雄性轉變成雌性。

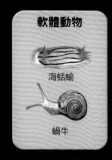

| 軟體動物 | 環節動物 |
|---|---|
| 海蛞蝓 | 蚯蚓 |
| 蝸牛 | 魚類 |
| | 虎紋鮨 等 |

**同時雌雄同體**

個體同時擁有雄性與雌性的生殖器官時，稱為「同時雌雄同體」。左圖為代表性生物。當這些生物的兩個個體相遇時，會釋出自身精子給對方，交換彼此的基因。

# 為什麼會演化出性別？

與無性生殖或孤雌生殖相比，有性生殖顯然「麻煩」很多，然而許多生物都具有有性生殖的機制。那麼，性別究竟是為了什麼而存在的呢？

首先要說的是，性別的存在是「為了混合不同的基因」。除了一小部分的例子之外（如下方專欄說明），無性生殖與孤雌生殖皆不會混到來自其他個體的基因。那麼，生物又為什麼需要混合不同的基因呢？

科學家目前的猜測是：「為了抵抗寄生物」。寄生物包括病原性細菌、病毒等。

假設某個生物的族群中，所有個體的基因體都完全相同。那麼當一個有害的寄生物成功寄生在該生物上時，該族群就會受到很大的傷害。不過，要是族群中有基因型不同的個體，那麼該個體就有可能不受損害。

生物圈中，物種與物種間自然有不同的基因，不過即使是同一個物種，族群間或個體之間也有基因上的差異。在過去的生命歷史中，生物之所以不會被寄生物完全消滅，或許就是因為這種基因體的多樣性。

不過，會產生變異的不是只有我們，寄生物的基因體也隨時在變化。隨時都有可能產生新的寄生物，擁有更強的感染力，對人類造成更嚴重的傷害。

面對這樣的寄生物，要是我們沒辦法有效抵抗的話，在寄生物的持續攻擊下，就無法存活下去，反之亦然。因此不管是寄生物還是我們，都必須持續改變自身基因才行。而為了使基因持續改變，生物演化出了「性別」。

---

## 專欄 COLUMN　基因的水平傳播不需要性別也可以產生變異

無性生殖與孤雌生殖在遺傳上不會產生變異。不過，即使從親代到子代的「垂直方向」不會產生變異，個體與個體間也可透過「水平方向」交換基因。這種基因交流方式稱為「基因的水平傳播」。

基因的水平傳播常發生在細菌身上。細菌會互相接近，交換彼此的基因，寄生在細菌身上的病毒也會協助運送基因。這種水平傳播方式可以幫助沒有性別的生物的基因體多樣化，提高其存活率。

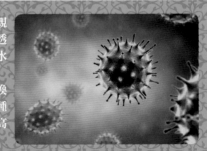

# 51
Benefits of sex

性別的優勢

## 綠頭鴨

雌性與雄性的綠頭鴨。鮮艷綠色頭部的是雄性，雌性則
較為樸素。

COLUMN

# 改變雄蚊的基因，預防傳染病

蚊子是世界上最可怕的生物之一。雌蚊為了產卵，需要吸動物的血。如果這時雌蚊吸的是人血，就會將體內的病毒或瘧原蟲等病原體送入人體內，讓人生病。

棲息在熱帶及副熱帶的「埃及斑蚊」（*Aedes aegypti*）是代表性的病媒蚊。一般通常會用蚊帳或殺蟲劑來預防這些蚊子，但效果都相當有限。

「基因重組蚊」是一項備受矚目的新型病媒蚊防治方式。英國的牛津昆蟲技術公司（Oxford Insect Technolgies, Oxitec）開發出了一種經過基因重組的雄性埃及斑蚊「OX513A」（之後改成了OX5034）。研究人員在OX513A內加入了「自我限制基因」（self-limiting gene）。擁有這種基因的蚊子會製造過多的「tTAV」蛋白質，使蚊子無法製造其他生存必要的蛋白質，使蚊子在幼體時就死亡。不過，只要給予「四環黴素」這種抗生素，tTAV就不會妨礙蚊子細胞合成其他蛋白質，使蚊子能生存下去。

研究人員野放基因重組蚊，使其與野生雌蚊交配，產下後代。因為所有後代都有自我限制基因，所以所有後代都會在成長到可以繁殖後代之前死亡。

以巴西為始，Oxitec公司曾在世界各地施放基因重組蚊。施放後，這些地方的埃及斑蚊確實也大幅減少。後來Oxitec還開發出了簡易的組合包，讓民眾可以在自家培育基因重組蚊，預定於巴西先行上市。雄蚊不會叮人，所以養在家裡也不會造成什麼問題。

另一方面，有篇2019年發表的論文指出，在巴西捕捉到的野生蚊子族群中，發現了基因重組蚊的基因（Benjamin Evans等人，Scientific Reports期刊）。這個結果顯示基因重組蚊的子孫仍有可能在野外存活下來。Evans等人主張這會影響到生態系，必須持續謹慎觀察才行。

埃及斑蚊

埃及斑蚊可做為許多病原體的媒介，包括引起「登革熱」的登革病毒、引起「茲卡熱」的茲卡病毒、引起「黃熱病」的黃熱病毒，以及引起「屈公病」的屈公病毒等。近年來，埃及斑蚊隨著飛機傳播至世界各地，也出現在日本的機場。

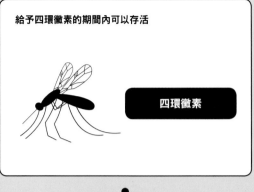

給予四環黴素的期間內可以存活

**四環黴素**

## 後代的蚊子全都會死亡

使用基因重組的埃及斑蚊（OX513A）防治病媒蚊的機制。生產出來的OX513A全都是雄蚊，在給予四環黴素的期間內可持續存活。將這些雄蚊野放，使其與野生雌蚊交配，生下後代。雄蚊體內會製造過量的tTAV蛋白質，故會在一週內死亡。它的所有後代都擁有自我限制基因，所以所有後代都會在成長到可以繁殖後代之前死亡。

野外

**會製造過量的tTAV，**
**故會在一週內死亡**

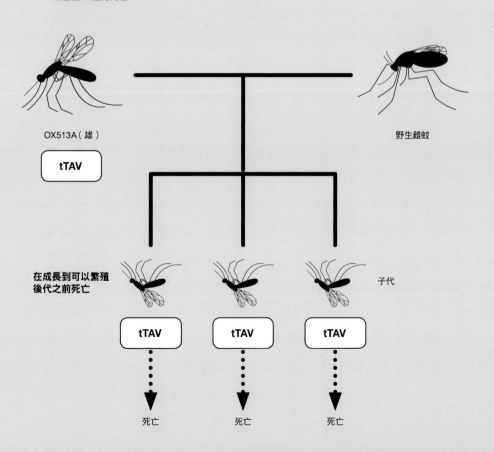

OX513A（雄）

tTAV

野生雌蚊

**在成長到可以繁殖**
**後代之前死亡**

子代

tTAV　　tTAV　　tTAV

死亡　　死亡　　死亡

5

# 演化的原理
Principle of evolution

# 所謂「演化」，是指什麼？

生物的演化，指的是某個生物族群（population）之中產生「基因組成的變化」。

舉例來說，下圖的虛構島嶼上開著三種顏色的花，包括32朵紅花、16朵粉紅花、2朵白花。

花的顏色由基因決定，有R和r兩種。「R」是紅色的基因，「r」是白色的基因。R與r這兩個基因位於染色體的相同位置，有這種關係的基因稱為「等位基因」（allele）。

植物與人類類似，染色體都是兩兩一對，所以等位基因（基因型）有三種可能，分別是RR、Rr、rr。在這個例子中，基因型為Rr的花色為中間型的粉紅色。

那麼，這種花的族群的基因組成又是如何呢？因為「RR：Rr：rr＝32：16：2」，計算後可得「R：r＝80：20」。也就是說，如果將這個族群的花色等位基因集合在一起，那麼有80%是R，20%是r。

這種描述「一種等位基因占所有等位基因之比例」，我們將它稱之為「基因頻率」（gene frequency）。

一開始提到，演化指的是基因組成的變化，不過嚴格來說，應該是「族群的基因頻率的變化」才對。那麼，基因頻率要如何產生變化呢？將在第130頁討論這個問題。

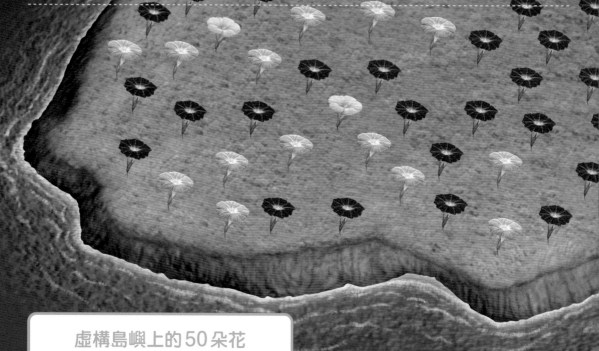

## 虛構島嶼上的50朵花

島上的紅花、粉紅花、白花分別有32朵、16朵、2朵。那麼這個島的花色基因構成情況為何？

## 族群中的 R 與 r 分別佔了多少比例？

設紅花的基因型為「RR」、粉紅花為「Rr」、白花為「rr」，當花朵數為32：16：2時，族群中的R與r比例是多少呢？依照以下方式計算，可以得到R佔了100中的80、r佔了100中的20。而這裡的80%（0.8）與20%（0.2）等數字，就是R與r的「基因頻率」。

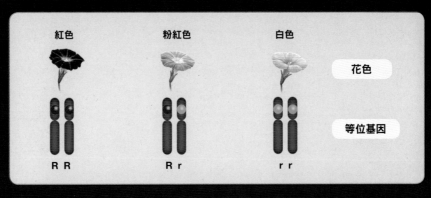

紅色   粉紅色   白色

:    = 32：16：2

（RR）  （Rr）  （rr）

$$R : r = (32×2+16) : (16+2×2) = 80 : 20$$

| 等位基因 R 的基因頻率 | 等位基因 r 的基因頻率 |
|---|---|
| $\dfrac{80}{100}$ = 80% | $\dfrac{20}{100}$ = 20% |

### 紅色（R）與白色（r）的基因頻率為80：20

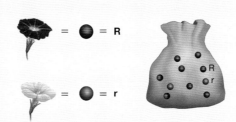

=   ●   = R

=   ●   = r

### 裝有R球與 r 球的袋子

我們可以用「裝有R球與 r 球的袋子」這樣的模型，說明島嶼的花色基因頻率。假設紅球＝R、藍球＝r。且在不看袋內的情況下抽出一顆球，那麼這顆球是R球的機率為80%。這就相當於隨機採集左頁島嶼上空的花粉（精細胞）時，該花粉帶有R基因的機率。

次頁起將以這個袋子為例說明演化機制

# 「不發生演化」
# 的條件為何？

**前** 頁中提到由三種顏色的花組成的族群。這個族群的基因頻率為R：r＝80%：20%。如果這個族群內的個體彼此交配，產下下一代，那麼下一代的基因組成會如

何變化呢？

在這個族群中隨機抽取出一個花粉（精細胞）或雌蕊上的一個卵細胞時，這個細胞的基因是R或r的機率分別是80%與20%。下一

只要條件沒有改變，
基因頻率就不會改變

雌配子（卵細胞）是R或r的機率分別為80%與20%。雄配子（精細胞）也一樣。兩者相乘結果如下圖所示，紅花（RR）：粉紅花（Rr）：白花（rr）＝64%：32%：4%。依照這個結果計算子代的基因頻率，可得到結果仍為R：r＝80：20。

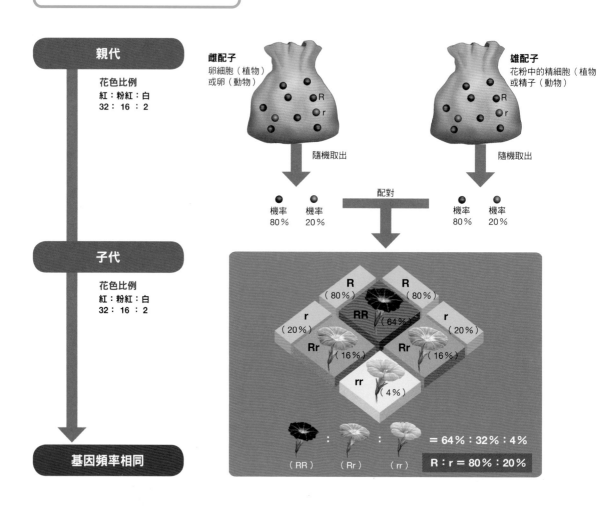

**親代**

花色比例
紅：粉紅：白
32：16：2

**子代**

花色比例
紅：粉紅：白
32：16：2

**基因頻率相同**

雌配子
卵細胞（植物）
或卵（動物）

雄配子
花粉中的精細胞（植物）
或精子（動物）

R
r

R
r

隨機取出

隨機取出

配對

機率
80%

機率
20%

機率
80%

機率
20%

R
（80%）

R
（80%）

r
（20%）

**RR**
（64%）

r
（20%）

**Rr**
（16%）

**Rr**
（16%）

**rr**
（4%）

：　　　：　　　＝ 64%：32%：4%

（RR）　（Rr）　（rr）

R：r＝80%：20%

代的花色比例如下方的藍底圖片所示，紅：粉紅：白＝64％：32％：4％，和親代的花色比例完全相同。

也就是說，子代的基因頻率也是R：r＝80％：20％。即使一直反覆交配下去，這個比例也不會改變，這代表族群「不發生演化」。這種狀態在生物學上稱之為「哈溫平衡」。

要達到哈溫平衡，需滿足以下五個條件。相反的，要是少了任何一個條件，基因頻率就會出現變化，也就是會發生演化。

舉例來說，要是這個袋子模型追加了一批藍球，會發生什麼事呢？或者，從袋中取出一部分藍球的話，又會如何呢？次頁起，將會逐一說明在各種條件下「會發生什麼樣的變化」。

※哈溫平衡：由英國數學家哈地（Godfrey Hardy，1877～1947）與德國醫生溫伯格（Wilhelm Weinberg，1862～1937）各自獨立發現的規則。

---

## 「不發生演化」的五個條件

「從袋中取出球再配對」的模型中，達成哈溫平衡，「不發生演化」的條件如下圖所示。只要有其中一個條件不滿足，族群就會發生演化。

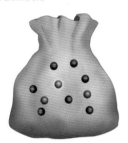

**條件1　不發生突變**

要是紅球突然變成其他顏色（圖中為黃色），基因頻率就會出現變化。（第132頁）

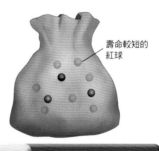

壽命較短的紅球

**條件2　不發生天擇**

如果紅球比藍球還要容易壞掉（壽命較短）的話，基因頻率就會出現變化。（第134頁）

**條件5　基因沒有流動**

有新的球被放入袋中，或者有球被拿出袋子時，基因頻率會出現變化。（第140頁）

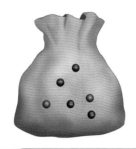

**條件4　沒有遺傳漂變**

若只將一小部分的球（而非所有球）放入袋中，那麼「放入袋中的球的顏色比例」可能會和「所有球的顏色比例」出現落差。此時，基因頻率也會與原本的族群不同。這稱為「創始者效應」，是一種「遺傳漂變」。（第138頁）

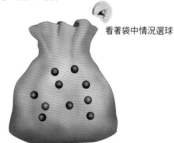

看著袋中情況選球

**條件3　交配為隨機發生**

如果看著袋中情況，選出特定色球配對的話，就不是隨機交配。這時候基因頻率會出現變化。這就是所謂的「性擇」。（第136頁）

# 基因會因「突變」而產生變化

「不發生演化的五個條件」的第一個是「不發生突變」。那麼，突變究竟是什麼呢？

細胞分裂時會複製DNA。複製DNA時，有極低的機率會出現複製錯誤，而存在於自然界的輻射線與特定化學物質也可能造成DNA受損。細胞通常有辦法修復這些DNA損傷，但並不保證能夠100%完全修復。要是DNA的

## 各種突變

基因體的突變如下圖所示，由上而下依序為「置換」、「插入」、「缺失」，分別代表鹼基序列中，鹼基被換成了另一個、插入了新的鹼基，以及有幾個鹼基遺失等突變。

**基因體的突變**

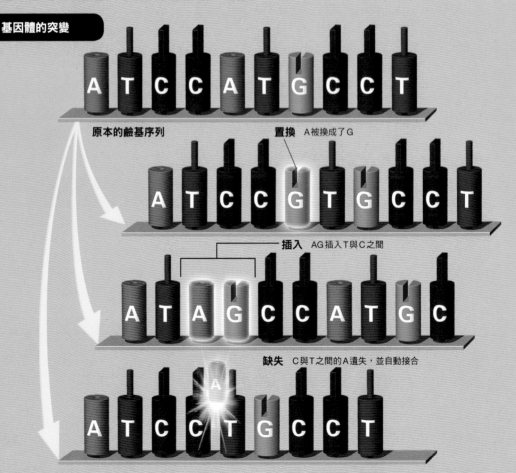

原本的鹼基序列

**置換** A被換成了G

**插入** AG插入T與C之間

**缺失** C與T之間的A遺失，並自動接合

某個部分被改寫，並遺傳給下一代的話，就是所謂的「突變」。

發生突變時，可能會使族群的基因頻率出現變化。

具體來說，DNA會如何被改寫呢？首先，如左圖所示，由ATGC組成的鹼基序列中，一個鹼基可能被換成另一個鹼基（置換）；可能有數個鹼基直接插入原本的鹼基序列中（插入）；或者原本的鹼基序列中，有幾個鹼基突然消失（缺失）。

除此之外，一個基因也可能會整個移動到基因體的另一個地方。這種會移動的基因稱為「轉位子」（transposon，下圖）。要是轉位子移動後，剛好插入另一個基因內，就會使那個基因失去功能。

另外，一個基因可能會在某些原因下複製成兩份或更多份，稱為「基因重複」（gene duplication）；如果是整個基因體複製成更多份，則稱為「基因體重複」（下圖）。

---

## 會移動的基因（轉位子）

基因A（轉位子）插入基因B內，使基因B失去功能。

基因A（轉位子）　　　　　　　　　　基因B

基因A在基因體內移動　　　基因B被破壞

## 基因重複

基因A複製成兩份

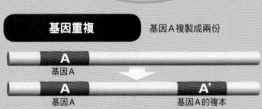

基因A

基因A　　　　　　　　　　基因A的複本

## 基因體重複

整套基因體（所有染色體）變成兩倍。

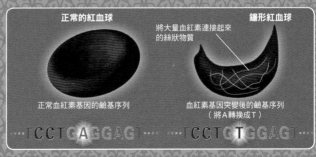

染色體A的複本　染色體B的複本　染色體C的複本

染色體A　染色體B　染色體C

染色體A　染色體B　染色體C

---

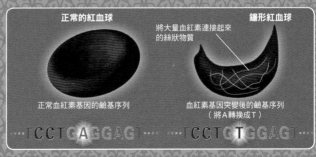

### 專欄 COLUMN　因突變而演化的例子

紅血球呈雙凹盤狀，可運送氧。不過突變的血紅素會使紅血球變成鐮刀狀，大幅降低了氧運送效率，造成個體貧血。這種基因原本不利於個體生存。不過，鐮形紅血球可提升個體對瘧疾的抵抗力。瘧原蟲會寄生在一般紅血球上，卻無法在鐮形紅血球上充分增殖。因此在瘧疾盛行的熱帶，這種突變基因仍在族群中占有一定比

正常的紅血球　　　　　　　　　　鐮形紅血球

將大量血紅素連接起來的絲狀物質

正常血紅素基因的鹼基序列

血紅素基因突變後的鹼基序列
（將A轉換成T）

TCCTGAGGAG　　TCCTGTGGAG

例，因為鐮形紅血球的基因有助於生物生存。不過調查結果顯示，含有這種突變基因的非裔美國人，在比例（基因頻率）上比含有這種突變基因的非洲人還要少。由此可以推測，對瘧疾的抵抗力無法增加個體在美國的生存機率。這是因突變與天擇，造成演化（基因頻率的變化）的著名例子。

# 「天擇」會「選出」
# 對生存有利的形態

**本**頁插圖是加拉巴哥群島上的鳥類「達爾文雀」的各個近親物種。現在群島上棲息著許多種鳥,不過一般認為,這些達爾文雀都是由同一種祖先演化來的。

加拉巴哥群島由好幾個島構成,每個島上可提供給達爾文雀的食物各有不同。舉例來說,某個島的堅果特別豐富,所以擁有堅硬鳥喙,能破壞堅果外殼的個體較容易存活下來,繁殖下一代。於是那個島上,擁有堅硬鳥喙的達爾文雀在族群內的比例會逐漸增加。也就是說,擁有特定遺傳特徵的個體,生存機率較高,較容易繁殖下一代,這個概念稱為「天擇」(又稱自然選擇)。若有天擇現象,族群內的基因頻率就會產生變化。換言之,族群會發生演化。

在天擇之下,加拉巴哥群島上演化出了鳥喙形態各不相同的達爾文雀。

**1. 綠鶯雀**
*Certhidea olivacea*
以昆蟲為主食。

**13. 紅樹林樹雀**
*Camarhynchus heliobates*
以昆蟲為主食的樹雀,擁有銳利的鳥喙。

費爾南迪

**12. 鶯形樹雀**
*Camarhynchus pallidus*
以昆蟲為主食的樹雀,擁有銳利的鳥喙,可銜住仙人掌的刺伸入樹洞內,掏出昆蟲再吃下。

**11. 中樹雀**
*Camarhynchus pauper*
樹雀。

**10. 大樹雀**
*Camarhynchus psittacula*
以昆蟲為主食的樹雀,會吃葉子背面的昆蟲。

## 達爾文雀的演化系統樹

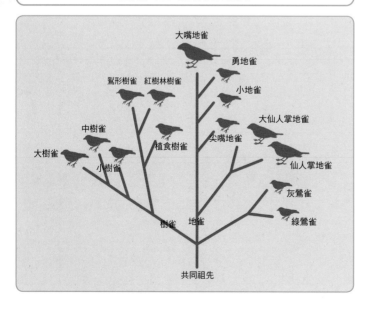

大嘴地雀
勇地雀
鶯形樹雀　紅樹林樹雀
小地雀
大仙人掌地雀
中樹雀
尖嘴地雀
植食樹雀
大樹雀
仙人掌地雀
小樹雀
灰鶯雀
綠鶯雀
樹雀　地雀
共同祖先

## 加拉巴哥群島的達爾文雀

加拉巴哥群島上共棲息著14種達爾文雀,這張圖畫出了其中的13種。另一種「灰鶯雀」(Certhidea fusca)是最近才發現的物種。這十多種達爾文雀分別棲息於加拉巴哥群島中的各個島嶼。有些只棲息於某個島嶼,有些則廣泛分布於多個島嶼。

**3. 大仙人掌地雀**
*Geospiza conirostris*
以植物為主食的地雀,
會吃團扇仙人掌的花。

**2. 尖嘴地雀**
*Geospiza difficilis*
以植物為主食的地雀。

**4. 仙人掌地雀**
*Geospiza scandens*
以植物為主食的地雀。

**5. 勇地雀**
*Geospiza fortis*
以植物為主食的地雀。

**6. 小地雀**
*Geospiza fuliginosa*
以植物為主食的地雀。

**7. 小樹雀**
*Camarhynchus parvulus*
以昆蟲為主食的樹雀。

平塔島

馬切納島

赫諾韋薩島

聖地亞哥島

聖菲島

聖克魯茲島

聖克里斯托巴爾島

伊莎貝拉島

弗雷里安納島

艾斯潘諾拉島

**9. 植食樹雀**
*Platyspiza crassirostris*
以植物為主食的樹雀。

**8. 大嘴地雀**
*Geospiza magnirostris*
以植物為主食的地雀。鉗子般
的鳥喙可破壞堅果外殼。

# 讓雄孔雀越來越華麗的「性擇」

如果生物選擇配偶時,不考慮對方外貌的話,雌雄個體的外觀可能就不會出現差異。不過,如果雌鳥比較喜歡和羽毛華麗的雄鳥交配,那麼隨著世代的增加,雄鳥的羽毛就會越來越華麗。因為這樣的羽毛比較能吸引雌鳥的注意,產下較多子孫。

那麼,為什麼雌鳥會對雄鳥外觀產生偏好呢。有個假說認為,華麗外貌的性狀與優良基因有關。如果雌鳥選擇了擁有優良基因的雄鳥交配,產下的子孫在生存與繁殖上會比較有利。所以說,當「雌鳥偏好選擇擁有華麗外貌的雄鳥」,擁有華麗外貌的雄鳥在交配機會的競爭中,就能一直保持優勢。

這種起因於配偶數量發生演化的機制,稱為「性擇」。擁有雌鳥偏好外貌的雄鳥,以及比其他雄鳥還要強的雄鳥,可以讓較多的配子受精,使族群內的基因頻率出現變化,也就是發生演化。這是雄孔雀擁有華麗羽毛的原因。

## 雄孔雀的華麗羽毛

下方是藍孔雀的雄鳥與雌鳥。雌鳥的外貌顯然較樸素。左圖則是雄鳥求愛時開屏的樣子。右頁為長尾寡婦鳥(*Euplectes progne*)的雌鳥擇偶偏好實驗。透過這個實驗,研究人員首次證明了雌鳥會依照自身偏好選擇雄鳥做為交配對象。

## 長尾寡婦鳥的雌鳥擇偶偏好實驗

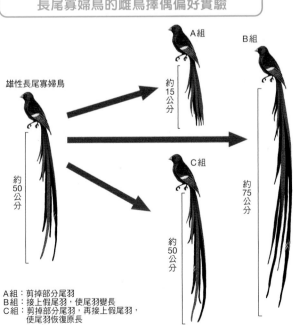

雄性長尾寡婦鳥

約
50
公分

A組
約
15
公分

C組
約
50
公分

B組
約
75
公分

A組：剪掉部分尾羽
B組：接上假尾羽，使尾羽變長
C組：剪掉部分尾羽，再接上假尾羽，
　　　使尾羽恢復原長

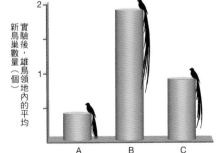

實驗後，雄鳥領地內的平均新鳥巢數量（個）

2

1

A
尾羽較短

B
尾羽較長

C
尾羽長度不變

雄性長尾寡婦鳥於繁殖期時，尾羽會伸長，並向雌鳥求愛。將實驗用的長尾寡婦鳥分成三組：A組剪去部分尾羽；B組先剪去部分尾羽，再接上更長的假尾羽；C組則是在剪去部分尾羽後，接上假尾羽使尾羽長度恢復原狀。接著觀察這些個體分別可以和多少隻雌鳥配對成功。C組是用來觀察剪去尾羽本身造成的影響。實驗結果顯示，在還沒為尾羽加工前，各組雄鳥的配對成功次數都差不多。不過在為尾羽加工後，尾羽越長的組別，配對成功的次數就越多。

# 族群的規模縮小時，基因頻率也會跟著改變

右頁照片是棲息於北美草原的「草原榛雞」（*Tympanuchus cupido*）。

美國伊利諾州在1800年代以前，整個州約棲息著數百萬隻草原榛雞。不過在1900年代以後，這些草原榛雞失去了棲息地，數量銳減。1993年時，整個州只剩下約50隻。

這個只剩50隻個體的草原榛雞族群，出現了卵孵化率低落的問題，只有不到50%，遠

## 在草原生活的草原榛雞

攝於美國內布拉斯加州的草原榛雞。雄鳥眼睛上方長了像是雞冠般的橙色羽毛。

伊利諾州的小族群面臨卵孵化率低落的問題，於是研究人員從鄰近的州引入271隻草原榛雞，使孵化率回升到90%以上。一般認為，這是因為族群變大了，所以有害等位基因的效果也會變弱。

遠低於其他州的孵化率。究竟為什麼會產生這種問題呢？

科學家的調查結果顯示，這個僅剩下50隻的小族群，失去了許多曾存在於大族群內的等位基因。基因多樣性大幅減少，使有害基因在族群內持續擴散，這很可能就是卵孵化率低落的原因。

原本很大的族群在某些原因下突然大幅縮小時，基因頻率很可能會大幅改變，這種現象稱為「遺傳漂變」。在這過程中，基因頻率的變化皆取決於「偶然」。

草原榛雞的例子相當於遺傳漂變中的「瓶頸效應」（bottleneck effect，下圖）。另外，「創始者效應」（founder effect）也是一種遺傳漂變。當某種生物的一個小型族群移動到離島，並在該地棲息繁殖時，就會出現這種效應。因為族群很小，基因多樣性低，所以特定等位基因容易在族群內擴散，以相對較大的比例固定在族群內。

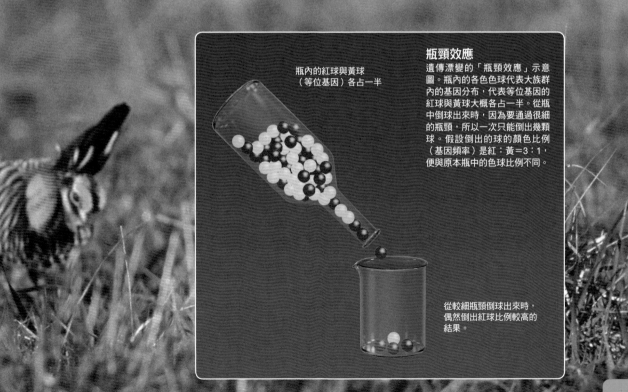

**瓶頸效應**

遺傳漂變的「瓶頸效應」示意圖。瓶內的各色色球代表大族群內的基因分布，代表等位基因的紅球與黃球大概各占一半。從瓶中倒球出來時，因為要通過很細的瓶頸，所以一次只能倒出幾顆球。假設倒出的球的顏色比例（基因頻率）是紅：黃＝3：1，便與原本瓶中的色球比例不同。

瓶內的紅球與黃球
（等位基因）各占一半

從較細瓶頸倒球出來時，偶然倒出紅球比例較高的結果。

# 萬里長城妨礙了「基因流動」

「**基**因流動」指的是基因的流入或流出。基因流動是造成生物演化的原因之一。

請回想第128頁中提到的島上花朵。即使前面提到的「突變」、「天擇」、「性擇」、「遺傳漂變」都沒有發生，但要是鄰近島嶼的白花花粉被帶進島嶼，一樣會改變島上的基因頻率。另外，要是島上的白花遭拔除，基因頻率也會改變。

自然界中存在河川、山巒等阻礙基因流動的障礙。人類建造的道路等工程建設也屬於這類障礙。

不過，即使阻礙了基因流動，也不表示基因不會產生變化。若一道物理障礙將一個生物族群分成兩個，阻礙了基因流動，但由於這兩個族群內部各自會發生突變、天擇等事件，所以最後仍會形成兩個不同的族群。

舉例來說，本頁插圖是中國的萬里長城。根據北京大學研究人員的調查，這個萬里長城就是基因流動的障礙。

研究團隊在長城兩側分別採集了指定的五種植物，研究其基因的差異。做為對比，研究團隊也對1.5公尺寬的山路兩側植物進行相同的調查。結果發現，不管是長城兩側，還是山路兩側，兩邊的植物基因組成都有一定差異，而且長城兩側的植物基因有相當大的差異。另外，比起靠風傳播花粉的物種，長城兩側靠昆蟲傳播花粉的物種差異更大。這就是因為人類建築物造成基因流動障礙的一個例子。

## 靠昆蟲傳播花粉的植物，會被牆壁擋住

做為這次調查對象的萬里長城，於600多年前建造。平均高度為6公尺，寬度為5.8公尺。經調查發現，研究團隊採集的植物中，和其餘四種植物相比，靠風傳播花粉的樹木「*Ulmus pumila*」（榆樹，榆科）在長城兩側的個體基因差異相對較小。其餘四種皆為靠昆蟲傳播花粉的植物，在長城兩側的個體基因差異則相對顯著。這四種植物分別是「*Prunus armeniaca*」（杏，薔薇科）、「*Ziziphus jujuba*」（棗，鼠李科）、「*Vitex negundo*」（黃荊，唇形科）、「*Heteropappus hispidus*」（狗娃花，菊科狗娃花屬）。造成基因組成差異的原因很多，風、昆蟲、人類都有可能影響到花粉的傳播或種子的散布，光靠這項調查還很難做出定論。

出處：H Su *et.al* 2003

# 建構演化理論的 達爾文

**建**構「生物演化」這個理論的是英國博物學家達爾文（Charles Darwin，1809～1882）。現在將演化論視為理所當然，不過當時是以基督教說法「所有生物都是由神創造，永遠不會改變」，也就是所謂的「神創論」才是主流。

在不知道遺傳規則和基因存在的年代，達爾文透過觀察生物，建構了「演化論」，並在1859年發表著作《物種起源》（On the Origin of Species），在全世界引起了一陣旋風。

達爾文靠自己蒐集的資料，推論出生物的演化是確實在發生的事。他還注意到了家畜或作物的育種，其實就是人類挑選出感興趣的性狀，再讓擁有這些性狀的個體交配（人擇）。達爾文認為，自然界也會做類似人擇的事，也就是天擇。

達爾文

達爾文在22歲時，因調查、測量工作，搭上英國軍艦「小獵犬號」，度過了5年的航海生活。他從南美洲及加拉巴哥群島開始，到全世界的各個角落，蒐集各式各樣的資料，包括動物、植物、化石、岩石……等。採集樣本的同時，達爾文也會仔細記錄蒐集到的資料，整理碰到的疑問。結束航海旅程回到英國後，他開始緩慢而確實地思考生物演化的相關問題。航海期間產生的疑問，將年輕的達爾文孕育成真正的科學家。到了50歲的時候，發表了《物種起源》。

達爾文的《物種起源》

# 提出系統樹的概念

達爾文的《物種起源》書中只有一張圖。這張圖說明了系統樹的概念。系統樹在現代生物學中是相當基本的概念，本書也出現了許多系統樹。下圖為長鼻目的系統樹，圖中列出了該目的代表性物種。由系統樹可以看出，在演化的過程中，長鼻目的體型越來越大，並分支出許多物種。

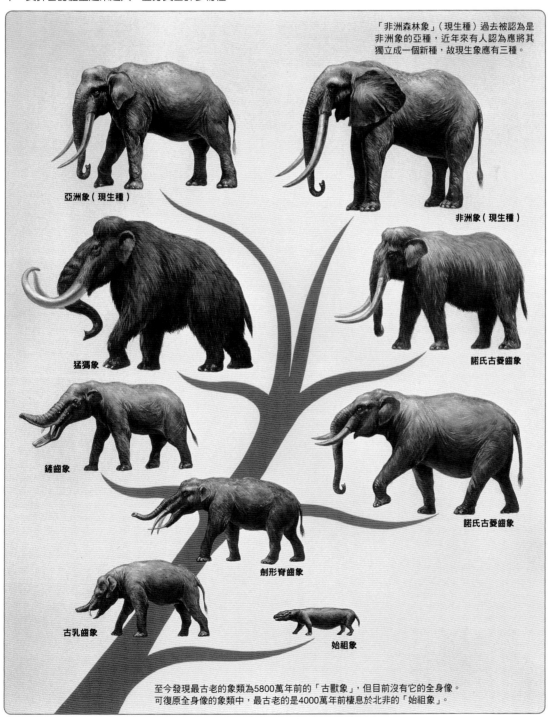

「非洲森林象」（現生種）過去被認為是
非洲象的亞種，近年來有人認為應將其
獨立成一個新種，故現生象應有三種。

亞洲象（現生種）

非洲象（現生種）

猛獁象

諾氏古菱齒象

鏟齒象

諾氏古菱齒象

劍形脊齒象

古乳齒象

始祖象

至今發現最古老的象類為5800萬年前的「古獸象」，但目前沒有它的全身像。
可復原全身像的象類中，最古老的是4000萬年前棲息於北非的「始祖象」。

# 透過「適應輻射」佔據棲位的演化過程

不同生物所需要的食物（資源）不同，生存的條件（溫度等）也不同。生存需要的資源及條件合稱為「棲位」（niche）或生態區位。棲位也包含了個體與同種或他種其他個體之間的關係。如果棲息地是「住處」的話，「棲位」就像是「職業」一樣。

回顧生物的歷史，最早出現的是共同祖先生物。要是當地有空白棲位的話，該生物就會朝著該棲位，演化成各種不同的型態。這種演化過程稱為「適應輻射」。目前在地球上相當繁榮的哺乳類，其演化過程就是適應輻射的代表性例子。

哺乳類的祖先約於中生代初期（約 2 億5000萬年前）出現，幾乎和恐龍在同一個年代出現。在恐龍稱霸的中生代，哺乳類的祖先則一直保持著小型動物的姿態，躲藏在森林深處。不過在中生代末期，恐龍滅絕後，原本佔據了陸地、水域、空中等棲位的恐龍突然消失，於是哺乳類便開始在這些區域展開適應輻射，大幅多樣化。

**恐角獸**
恐角類為體長達3公尺的巨獸。

**兜齒獸**
皆齒目為已滅絕草食獸的一個物種。

**伊神蝠**
最古老的蝙蝠。

**帕拉米斯鼠**
類似松鼠的原始囓齒類。

**武中獸**
類似狗的中爪獸。

**父貓**
始新世的代表性肉齒目動物。

**貘犀**
犀類祖先的奇蹄類。

**始貧齒獸**
犰狳般大小的貧齒類。

# 哺乳類的適應擴散

恐龍滅絕後，哺乳類演化出多樣化
的物種，適應各種環境，填補了空
出來的棲位。

# 基因的演化
# 也可以用系統樹來表示

**突**變的一種「基因重複」（第133頁）能夠推動演化。若將基因重複或部分基因消失的事件以圖表示，可以得到一個類似系統樹的圖。一個來自共同祖先的基因，經過基因重複的過程，可以產生多種變異。這種由基因重複所形成的多個基因，稱為基因家族。

用動物分辨顏色的基因為例，說明實際上的基因家族吧。

在眼睛的深處有所謂的「色覺受器」（光感應器），人類擁有紅、綠、藍（光的三原色）等三種色覺受器，可以分別感應這三種顏色的光。不過，一般認為脊椎動物的祖先原本其實有四種色覺受器，如左下圖所示。證據就是魚類、爬行類、鳥類等都擁有四種色覺受器。

後來，兩種「色覺基因」（製造色覺受器的基因）的突變逐漸累積而失去功能（退化）。事實上，現生哺乳類大多只擁有兩種色覺基因。不過人類的祖先再度發生基因重複事件，使色覺基因增加為三個。兩個重複的基因中，突變逐漸累積，使這兩個色覺受器所感應的光波長區域分得越來越開，最後讓靈長類再度獲得了三色色覺。

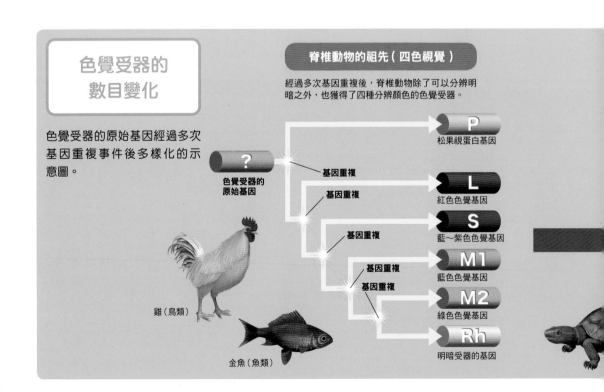

**色覺受器的數目變化**

色覺受器的原始基因經過多次基因重複事件後多樣化的示意圖。

**脊椎動物的祖先（四色視覺）**

經過多次基因重複後，脊椎動物除了可以分辨明暗之外，也獲得了四種分辨顏色的色覺受器。

? 色覺受器的原始基因

基因重複

雞（鳥類）

金魚（魚類）

P 松果視蛋白基因

L 紅色色覺基因

S 藍～紫色色覺基因

M1 藍色色覺基因

M2 綠色色覺基因

Rh 明暗受器的基因

基因家族

## 基因重複事件創造出了擁有新功能的基因

生殖細胞的 DNA 複製錯誤時，可能會使基因 A 增加成兩個。基因 A 的複本在突變持續累積之下，可能會失去功能，無法製造正常的蛋白質（成為偽基因），也可能會獲得新功能。

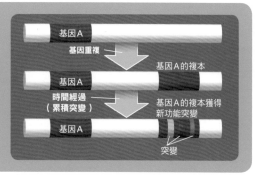

基因 A

基因重複

基因 A

基因 A 的複本

基因 A

時間經過（累積突變）

基因 A 的複本獲得新功能突變

基因 A

突變

### 人的視網膜有三種感應色光的細胞

視網膜上有許多「視細胞」，可感應色光。視細胞包括可在暗處分辨明暗的「視桿細胞」，以及可以分辨顏色的三種「視錐細胞」。三種視錐細胞可感應的光波各不相同，分別可感應接近紅光、綠光、藍光波長的光線。

人眼剖面

角膜

水晶體

光

視神經

視網膜

放大

視桿細胞（感應明暗）

視錐細胞（感應紅光）

視錐細胞（感應藍光）

視錐細胞（感應綠光）

**視網膜中的視細胞**

### 哺乳類為二色視覺

哺乳類的祖先失去了兩種色覺基因，轉變成偽基因。這可能是因為，哺乳類的祖先在恐龍時代過著夜行性生活，色覺的重要性大減。

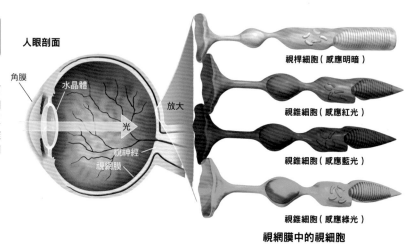

L

S

M

L

Rh

失去基因功能

狗（哺乳類）

龜（爬行類）

### 靈長類再度演化成三色視覺

對於恢復晝行性生活的人類祖先而言，色覺的重要性大增，或許就是這個原因，使人類再度恢復成三個色覺基因。

基因重複

L
紅色色覺基因

L′
紅色色覺基因

L″
綠色色覺基因

S
藍～紫色色覺基因

Rh
明暗受器的基因

人

# 6

# 生物的社會
Biological society

# 聚集成群有助於繁殖和抵禦捕食者

**本**章要介紹的是自然界可見各種生物間的交互作用。

個體聚集成群集體行動，稱為「群聚」。群聚生活有幾個優點，譬如繁殖機會大增，亦可有效抵禦捕食者。

下方照片是牛科動物「牛羚」。牛羚為了吃到肥美的草，會聚集成數十萬頭的牛群，在非洲大地上移動。有些個體會被棲息在莽原的肉食動物捕食。右下為沙丁魚群，因聚集成群，捕食者無法鎖定特定個體，使個別沙丁魚「被捕食的機率」下降。

右上為南極的皇帝企鵝，為了抵禦寒冷與外敵，會聚集在一起養育子代。

## 群聚生活

**牛羚**

生產期間，雌雄牛羚會形成小集團各自行動，生產結束後再合併成大規模的族群。

**皇帝企鵝**

雙親到海裡找食物時，子女會在原地等待。族群內有幾千隻幼雛，不過親子一定能找到對方，不會認錯彼此。

**沙丁魚**

沙丁魚會成群迴游，屬於迴游魚類。魚身全長可達30公分。

# 解決問題時需要高度「智能」

一般認為黑猩猩與海豚擁有高度智能。

許多觀察與實驗都證明了這些生物可以理解事物性質，有解決問題的能力。這種「理解事物性質」的能力在生物學中稱為「認知」。譬如能夠「判斷」（識別）A和B是不同事物的能力；從某個現象「推測」出其他想法的能力。

過去，人們以為擁有高度認知能力的動物僅限於靈長類與幾種水生哺乳類。不過隨著研究的進展，現在我們知道許多動物都擁有高度認知能力。其中也包括魚類與蜜蜂之類的昆蟲。

而「解題」又比認知需要更高的智能。舉例來說，假設有個食物放在手構不到的地方。那麼動物該如何獲得這個食物呢？一部分的哺乳類，特別是靈長類、鯨豚類等生物，解決這種問題的能力特別強，烏鴉也擁有這樣的能力。

這些動物的共同特徵為單位體重的腦重比平均值還要高（右圖）。人類的這個數字甚至是平均值的7倍。

---

## 確認魚的認知能力的實驗

下圖為測試魚的認知能力的實驗流程。魚可藉由觀察其他個體間的打鬥，推測對手的強度。

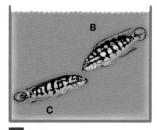

**1 打鬥**

實驗使用的是棲息於非洲坦加尼喀湖的慈鯛科魚類。首先，將個體B與個體C放入同一個水槽內，使其打鬥。上方插圖中，勝者為B，敗者為C。

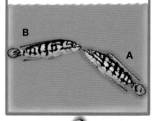

**2 觀察**

將1的敗者（C）移出水槽，將另一個個體A放入水槽。讓個體C在水槽外觀察A與B的打鬥。多準備幾組實驗，然後選出個體A勝利的組別，進入步驟3。

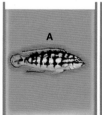

**3 實驗**

將個體A與個體C放入相鄰的水槽內。會發現個體C會表現出想要遠離個體A的行動。C沒有直接與A打鬥，而是透過觀察，「推測」A比C還強。也就是說，魚也可以做到「若A＞B且B＞C，則A＞C」的推論。

出處：Hotta *et al.* 2015

# 各種動物的「體重」與「腦重」的關係

圖為各種動物的體重（橫軸，單位為公斤）與腦重（縱軸，單位為公克）之間的關係（引用自H. Jerison, 1973，使用對數座標軸）。體重與腦重的平均比值以淺藍色直線表示。腦相對較大的人類、黑猩猩、海豚、烏鴉，智能也相對較高。

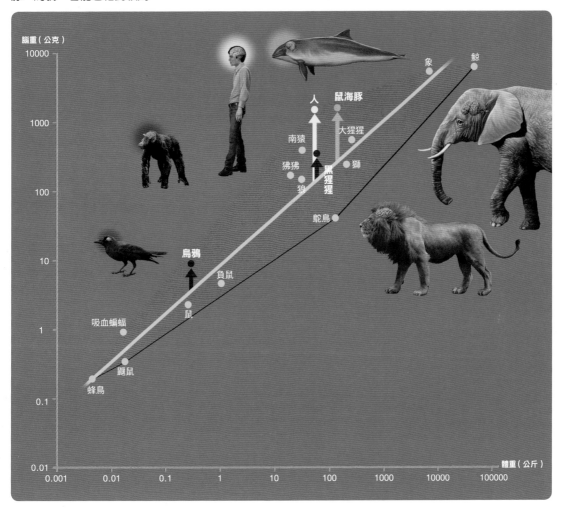

## 章魚的智能

一般認為章魚的智能很高。章魚有「解題」的能力，可以轉開透明瓶子的瓶蓋，取出裡面的食物；有「自我識別」的能力，知道鏡子裡照出來的是自己。原則上，腦神經細胞（神經元）越多，資訊處理能力就越高。章魚的腦細胞達 5 億個，和狗差不多。

# 生物的「配偶制度」也存在多配偶制、混交制

## 合作式一妻多夫

合作式一妻多夫制度中,一隻雌性個體會與多隻雄性個體交配。因為這些雄性個體都會合作參與子代的養育,故可將多個子代養到離巢。

β 雄鳥

**林岩鷚的策略只有在草叢中才能實現**

雌鳥會在較強的 α 雄鳥的保護下,與之交配並產卵。另一方面,也會趁著 α 雄鳥不注意的時候,與 β 雄鳥交配。與雌鳥交配的雄鳥都會幫忙養育子代。因為有兩隻雄鳥幫忙覓食,所以子代可以發育得更好,能夠成長到離巢的個體也更多。而且,在雄鳥們的照顧下,雌鳥還可以偷懶不去管雛鳥。不過,α 雄鳥和 β 雄鳥沒辦法和諧共存。要是 α 雄鳥發現 β 雄鳥的話,就會攻擊 β 雄鳥。所以 β 雄鳥必須利用草叢環境偷偷行動。

雌鳥會趁著 α 雄鳥不注意的時候,與 β 雄鳥交配

雌鳥

與 β 雄鳥的後代

與 α 雄鳥的後代

α 雄鳥

α 雄鳥會保護雌鳥和鳥巢

「配偶制度」可以描述一個生物會和幾個對象交配，和交配對象之間又是什麼關係。不只不同的物種會有不同的配偶制度，同一個物種也可能有不同的配偶制度。舉例來說，人類社會中就存在一夫一妻的「單配偶制」（monogamy），與一夫多妻或一妻多夫的「多配偶制」（polygamy）等。

除了單配偶制、多配偶制之外，還存在所謂的「混交制」（promiscuity）。對於混交制的生物來說，不管是雌是雄，都不會有固定的交配對象，只要看到中意的交配對象，就會與其交配。

有趣的是，有些動物同時存在單配偶制、多配偶制、混交制等配偶制度。林岩鷚（*Prunella modularis*）就是其中一個例子。

與配偶制度相關的研究中，林岩鷚是常見的研究對象。除了因為林岩鷚會依不同時機，使用不同的配偶制度之外，林岩鷚還會使用「合作式一妻多夫」這種巧妙策略。合作式一妻多夫的制度中有三個個體，分別是雌鳥，「丈夫」α雄鳥，以及「第二丈夫」β雄鳥。

除了林岩鷚之外，慈鯛科魚類也存在合作式一妻多夫制度。

配偶制度

---

### 利用楔形的巢，與兩隻雄性一起孕育子代

非洲坦加尼喀湖的慈鯛科魚類（尖吻麗鯛）亦會採用合作式一妻多夫制。插圖為這種魚的巢穴示意圖。這種巢穴的外型特徵為楔形，入口處寬廣，越往裡面走就越狹窄。較強的α雄魚體型較大，只能待在入口附近。另一方面，體型較小的β雄魚則可進入巢穴的深處。只要進入巢穴深處，就不會被α雄魚攻擊。雌魚的策略就是在巢穴的中央產卵，使α雄魚與β雄魚都可以將精子撒在上面。子代孵化後，雄魚會照顧子代約2～3個月。這段期間內，雌魚可以不用管這些子代，開始準備下一次繁殖。

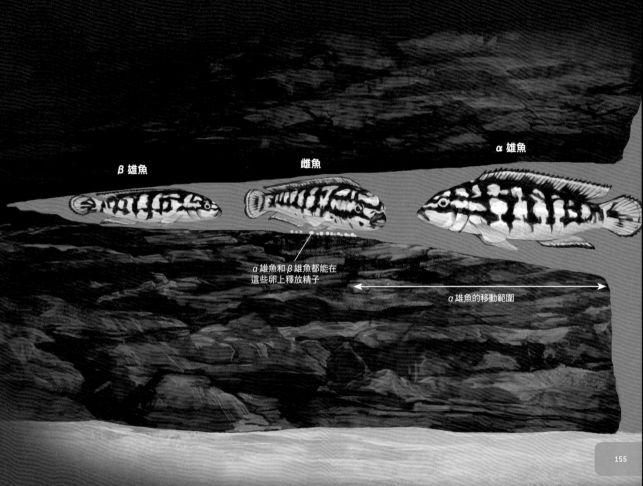

β 雄魚

雌魚

α 雄魚

α雄魚和β雄魚都能在這些卵上釋放精子

α雄魚的移動範圍

# 為了確保食物與配偶的「領域」概念

香魚是有領域概念的魚類。有一種相當有名的釣香魚法稱為「友釣法」，是利用香魚會攻擊闖入領域之其他個體的特性來釣香魚（照片）。

所謂的領域，指的是個體或族群占有空間，以抵抗同種其他個體或族群的入侵。

為什麼動物有領域的概念呢？這是為了要確保食物、配偶、子代等資源不會被其他個體或族群搶走。不過，守護領域時需要能量，所以領域必須劃出適當的大小，不能太大。維持自身領域十分辛苦，要是因此而減少尋找食物及配偶的時間的話就本末倒置了。也就是說，適當的領域大小，必須顧及「領域帶來的利益」和「維持領域的成本」之間的平衡。

另外，領域不是只有一種。舉例來說，右頁的背斑高身雀鯛就可能同時擁有三種領域，分別是保護卵的領域、確保食物的領域，以及尋找配偶的領域。如果雄魚在前兩個領域內碰上其他物種的動物，會為了保護資源而發起攻擊。在物種多樣性高、競爭激烈的地方，就容易形成這樣的領域。

## 利用領域習性釣香魚的「友釣法」

「友釣法」是在香魚的領域內，用釣竿放下做為誘餌的香魚。香魚為了保護自己的領域，會攻擊誘餌香魚。此時香魚被釣鉤鉤住，就能把牠釣起來。

## 利益與成本的差異，可決定最適當的領域大小

專欄
COLUMN

隨著領域的增加，從領域中獲得的利益（橘線）也會跟著增加。但領域過大時，反而會因為用不到那麼多利益而造成浪費。換言之，在領域內享受到的利益有其極限。另一方面，個體需耗費成本來維持領域（藍線），領域越大，耗費的成本就越高。利益減去成本後為「純益」（粉紅色區域），最適領域大小就發生在純利最大的時候。另外，棲息地點的資源多寡、個體的密度大小也會影響到這個圖的型態。

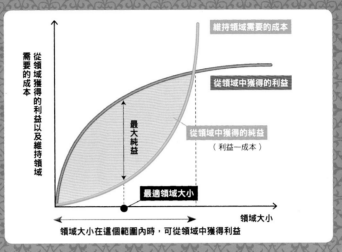

### 背斑高身雀鯛的三層領域

慈鯛科的背斑高身雀鯛以岩石上的藻類為主食。不管是雄魚還是雌魚，為確保自己的食物來源，一年四季都有自己的「覓食領域」。在覓食領域內，這種魚會攻擊吃相同藻類的魚，以保護自己的藻類食物。繁殖期的雄魚除了前述的覓食領域之外，也會確保向雌魚求偶的場所，這個領域稱為「求偶領域」。另外，在雌魚產完卵之後，雄魚會將巢的周圍直徑約 1 公尺的範圍內視為「護卵領域」，保護卵不被捕食者吃掉。在繁殖期結束後，三重領域的結構會解除，只剩下覓食領域。

誘餌香魚及釣起的香魚

友釣法釣香魚的景況

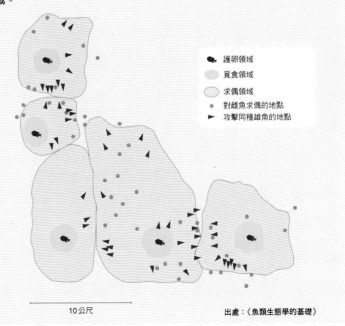

10公尺

出處：《魚類生態學的基礎》

# 幫助親戚的種種行為是有意義的

「利己」是以自身的利益為優先。相對的，「利他」則是以其他個體的利益為優先。在生物學當中，所謂的「利他」是犧牲自己的生存機率，提高其他個體的生存機率。

為了他人而行動，在人類社會中是受到尊崇的行為。然而利他的行動會降低自己的生存率，對生物的生存來說是個不利因素。

不過，生物圈中確實存在看似利他的行為，這讓過去的科學家相當不解。其中一個例子是棲息在非洲的裸鼴鼠。牠們體表沒有毛，是幾乎全盲的哺乳類，約有數十至數百隻裸鼴鼠集體生活。不過會進行生殖行為的只有一隻雌性（女王）與1～3隻雄性（王）。其他絕大多數的個體都不會參與繁殖活動，而是負責照顧女王與王的孩子，甚至還會為

---

## 親緣度

親戚的基因和自己的基因有多少比例一致，稱為這個親戚的「親緣度」。譬如對於當事者來說，妹妹或女兒的親緣度都是50%。

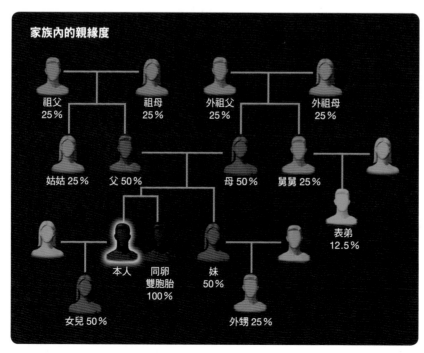

**家族內的親緣度**

祖父 25%　祖母 25%　外祖父 25%　外祖母 25%

姑姑 25%　父 50%　母 50%　舅舅 25%

表弟 12.5%

本人　同卵雙胞胎 100%　妹 50%

女兒 50%　外甥 25%

了保護這些孩子而犧牲自己被捕食者吃掉。

為什麼這一大群裸鼴鼠都會做出利他的行為呢？難道都是被女王和王洗腦，變成奴隸了嗎？

回答這個問題的關鍵，就在於裸鼴鼠間的親緣關係。事實上，裸鼴鼠族群內的所有個體都是兄弟姊妹或親子關係。

擁有親緣關係的個體，基因有一定的相似性。基因的相似程度則取決於「親緣度」（參考左下方的圖）。個體間的親緣度越高，就越容易做出利他的行為，即使這個行為可能會降低自己的生存率，也要設法讓與自己類似的基因流傳下去。當然，個體也可以選擇不做利他行為，而是把自己的生存率擺第

一，設法生下自己的孩子，藉此將基因傳承下去。兩種方式的效果可以合在一起看。也就是說，若希望將基因傳遞給下一代，有兩條路可以走。一個是「自行繁殖下一代」，另一個是「幫助血親」。考慮這兩個方式，計算將基因傳給下一代的能力，就可以得到所謂的「總括適應度」（inclusive fitness）。

這種演化方式也是天擇的一種，而親緣關係即是這種演化方式的關鍵，故也稱為「親緣選擇」（kin selection）。

總括適應度與親緣選擇

### 裸鼴鼠

裸鼴鼠生活在非洲莽原的地下，是一種嚙齒類，可組成數十隻至數百隻的大規模族群。擁有類似蜂或蟻的社會結構，只有女王（雌）與少數雄性個體有生殖功能。平均壽命可達28年，長壽使這種生物備受眾人矚目。

栽培·畜牧

# 栽培與畜牧的行為並非人類特有

如果生物與生物之間的關係，讓雙方獲得利益，稱為「互利」，栽培或畜牧也屬互利的型態之一。我們種植稻米和小麥，拓展這些植物的棲息範圍，畜養牛或豬也是一樣的道理。

或許你會覺得，栽培與畜牧是人類特有的行為，其實並非如此。

舉例來說，棲息在珊瑚礁的「黑高身雀鯛」就會在領域內栽培「紅絲藻」，如右下照片所示。要是領域內冒出紅絲藻以外的藻類，黑高身雀鯛就會把它們拔掉並丟到領域外。重複這樣的行為，就可以讓領域內長滿紅絲藻。

某些蟻會栽培真菌。棲息於美洲大陸的「切葉蟻」會將葉和花搬回巢內，用於栽培真菌（上方照片），這種真菌長出來的菌絲可以做為幼蟲的食物。另外，日本巨山蟻會將黑小灰蝶的幼蟲搬至巢內飼養（左下照片）。黑小灰蝶幼蟲會分泌含糖物質，吸引蟻群的注意，還會分泌與成熟雄蟻分泌物類似的物質，讓蟻群以為自己是成熟雄蟻而予以照顧。這點和人類的畜牧活動相似。

與黑小灰蝶幼蟲共生的日本巨山蟻

日本巨山蟻在巢中享用黑小灰蝶幼蟲分泌的蜜。黑小灰蝶的近親物種多會像這樣和蟻類共生。蟻類獲得幼蟲分泌物的同時，也會將幼蟲需要的食物帶回巢內。要是有敵人來襲的話還會協助擊退。

# 栽培真菌的切葉蟻

已知的切葉蟻共有210種，都是從一個共同祖先演化而來。切葉蟻會將切下來的葉片用於栽培真菌。另一方面，當真菌的菌絲被割掉之後，會促進其迅速成長。巨首芭切葉蟻（*Atta cephalotes*）會利用巢穴周圍50～77%的植物物種。很少有動物能夠利用那麼多種植物。

栽培・畜牧

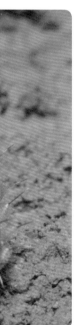 

打造「田地」的黑高身雀鯛

在沖繩本島南端拍到的黑高身雀鯛（*Stegastes nigricans*）。黑高身雀鯛棲息於珊瑚礁，不論雌雄都有領域意識。魚周圍的柔軟藻類就是紅絲藻。

# 植物會利用動物協助散布花粉與種子

植物會製造蜜或果實，吸引動物來吃。為什麼植物會特地製造這些東西給動物吃呢？因為這樣對植物來說也有好處，可以散布花粉或種子。

美味的果實特別能吸引鳥或動物。果實內的種子不會被消化，而是隨著糞便排出。

如果是種子的話，只要能夠「散布到某個有些距離的地方」就夠了，但是花粉的話就另當別論。花粉要是沒有傳播給同一種花就沒有意義。

因此，有些植物會演化成只讓特定動物傳播花粉。右頁下方的圖是馬兜鈴的花。這種植物的話擁有特殊結構，只有小型蠅類可以傳播它的花粉。

另一方面，許多植物不會特化得那麼誇張。下方照片為採集花蜜與花粉的蜜蜂。蜜蜂會在不同的花之間來回飛來飛去，有助於散布花粉。而花蜜就是單純吸引動物前來的工具。

**蒐集花蜜與花粉的蜜蜂**

蒐集花蜜的蜜蜂，身上沾滿了花粉。蜂蜜是花蜜與蜜蜂體液混合後的產物。蜜蜂還會將花粉製成「花粉團」固定在腳上帶回巢穴，做為幼蟲的食物。

授粉與種子散布

## 散布橡實的松鼠

插圖為日本常見的橡實種類，皆為山毛櫸科櫟屬的
植物。松鼠、老鼠、鳥會將橡實貯藏在巢穴或土壤
中，做為冬天的糧食。到了春天時，被遺忘的橡實
就會發芽長出新的植株，達到散布種子的目的。

栓皮櫟　　枹櫟　　烏岡櫟　　黑櫟　　青剛櫟　　槌子櫟

麻櫟　　　　　　　槲櫟

沖繩
白背櫟　　白背櫟　　赤皮

槲樹　　　　　水楢

赤樫

## 只讓特定動物傳播花粉的機制

馬兜鈴與馬兜鈴花的剖面圖。馬兜鈴為了防止自花
授粉（自身花粉沾到自身雌蕊），雄蕊和雌蕊會錯
開成熟期。小型蠅類進入花中時，只有雌蕊成熟
（左下圖）。如果蠅身上帶有其他花的花粉，就可
以讓雌蕊受粉。因為花的入口長滿向內的逆毛，所
以蠅在一天內都無法離開花朵。雄蕊會在這一天內
成熟，將花粉沾到蠅身上（右下圖）。接著逆毛消
失，讓沾滿花粉的蠅可以飛出去。

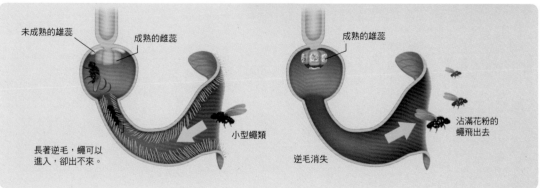

未成熟的雄蕊　　成熟的雌蕊　　　　成熟的雄蕊

小型蠅類

沾滿花粉的
蠅飛出去

長著逆毛，蠅可以
進入，卻出不來。

逆毛消失

互利共生・片利共生

# 因其他生物的伴隨而獲利

**右** 方為水牛與黃頭鷺的照片。這兩種動物並非偶然待在一起。黃頭鷺是為了捕食水牛吃草時趕出來的昆蟲而跟著水牛。這種行動稱為「伴生行為」（accompanying behavior），可以在牛或馬等草食動物與各種鳥類之間觀察到。

這種行為對鳥有利，對草食動物來說，通常無利也無害，因此稱之為「片利共生」（commensalism）。除了上述例子之外，「長印魚」與「森林的野草」也屬於片利共生行為（如右下的圖）。

另一方面，如果雙方都能獲利的話，則屬於「互利共生」（mutualism）。譬如清潔魚與其顧客（專欄），清潔魚以顧客體內的寄生蟲與細菌為食，顧客可避免被病原體感染。除此之外，互利共生還有許多例子，譬如前頁提到的花與昆蟲，以及動物體內的腸道細菌都屬於互利共生。

互利共生的兩種動物都能獲得利益，同時也會有少許損失。因為獲利比損失多，互利共生的關係可以成立。

## 專欄 COLUMN　互利共生的清潔魚「裂唇魚」

裂唇魚是代表性的清潔魚。顧客來到裂唇魚的清潔站時，裂唇魚會靠近顧客的身體，吃掉顧客身上的寄生蟲與不新鮮的黏液。此時裂唇魚也會用魚鰭拍打顧客的身體，給予刺激，這種「按摩」有助於緩和顧客的壓力（Soares等人，2011）。裂唇魚可以獲得食物，顧客可以保持身體衛生，是互利共生關係。

## 伴生行為的例子

### 水牛與鳥

如果鳥會吃水牛皮膚上的寄生蟲，便屬於互利共生。共生關係的種類會因為情況不同而改變。

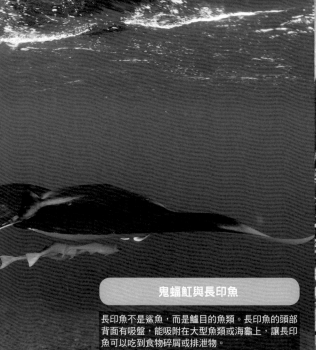

### 鬼蝠魟與長印魚

長印魚不是鯊魚，而是鱸目的魚類。長印魚的頭部背面有吸盤，能吸附在大型魚類或海龜上，讓長印魚可以吃到食物碎屑或排泄物。

### 樹木與喜歡樹蔭的植物

森林內長有許多喜歡樹蔭的植物。這些植物對於樹木無益也無害，故屬於片利共生。

# 因「寄生物」改變自身行為

若生物與生物的關係中，一方獲利而另一方受害的情況，稱為「寄生」。寄生有許多種類，幾乎所有生物都會參與某種寄生形式。

舉例來說，細菌或病毒屬於「微小寄生物」（microparasite）。細菌或病毒寄生（感染）宿主後，會在宿主體內成長、增殖，使宿主的身體產生有害症狀（造成疾病）。體型較大的大型寄生物（macroparasite）則如蜱蟎、跳蚤、蝨等。

有些寄生物甚至會操控宿主的行動。寄生在螳螂體內的鐵線蟲長大成熟後，會促使螳螂跳水，再從螳螂的排泄口逃至水中，於水中尋找繁殖對象。

「彩蚴吸蟲」是寄生在蝸牛觸角的寄生蟲（右圖）。為了讓蝸牛被鳥捕食，一般認為彩蚴吸蟲會操控蝸牛往明亮的地方移動。

---

### 微小寄生物「病毒」

病毒或細菌等微小寄生物多會潛入宿主細胞內。寄生物在宿主身上定居的過程稱為「感染」。感染引起的疾病稱為「感染症」或「傳染病」。宿主被寄生後，健康會受到影響，卻不會馬上死亡。因為宿主的死亡對寄生物來說並不是件好事。

造成細菌感染的幽門螺旋桿菌示意圖。

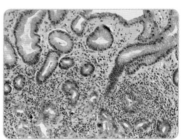

幽門螺旋桿菌造成的發炎。這是胃的顯微照片。

---

### 大型寄生物「蜱蟎、跳蚤」

蜱蟎、跳蚤、蝨為大型寄生物。會在宿主體表或體內成長，也可能在宿主體內繁殖，但不會像細菌或病毒那樣大量增加。

跳蚤

蜱蟎

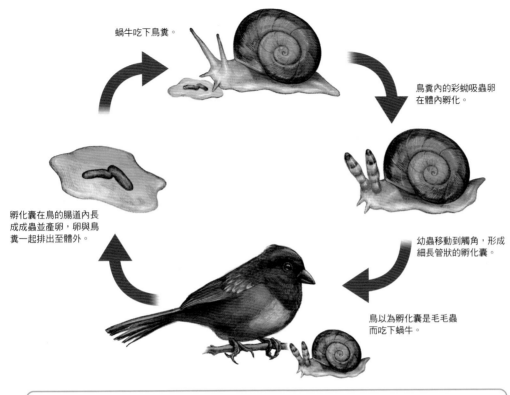

蝸牛吃下鳥糞。

鳥糞內的彩蚴吸蟲卵
在體內孵化。

幼蟲移動到觸角,形成
細長管狀的孵化囊。

鳥以為孵化囊是毛毛蟲
而吃下蝸牛。

孵化囊在鳥的腸道內長
成成蟲並產卵,卵與鳥
糞一起排出至體外。

## 操控宿主的寄生物

彩蚴吸蟲是一種吸蟲。成蟲在鳥類腸道內生活,卵隨著鳥糞排出。蝸牛吃下鳥糞後,彩蚴吸蟲卵會在蝸牛體內孵化,成長為「孵化囊」(broodsac),往蝸牛的觸角移動。含有孵化囊的蝸牛觸角看起來就像毛毛蟲一樣,會吸引鳥前來捕食。彩蚴吸蟲便能寄生在新的鳥中,於其體內成長、產卵。對彩蚴吸蟲來說,蝸牛是兩次寄生事件之間的「中間宿主」。

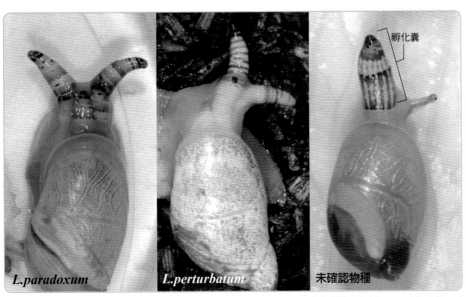

孵化囊

*L.paradoxum*　　　*L.perturbatum*　　　未確認物種

日本的彩蚴吸蟲(*Leucochloridium*)

植
物
的
環
境
反
應

# 會呼叫害蟲的天敵 幫忙驅逐害蟲的植物

植物的葉是行光合作用的地方，柔軟且營養豐富，是許多昆蟲或哺乳類的食物。不過，要是葉子被吃掉的話，植物就不能行光合作用了。植物為了不讓葉子被吃掉，會製造各種防禦物質做為抵抗手段。譬如茶樹的單寧或菸草葉的尼古丁等，都是植物葉中的防禦物質（defensive substance）。

我們周遭的植物，譬如高麗菜（十字花科）、皇帝豆（豆科）等，也有一套巧妙的防禦系統可以抵禦昆蟲。要是有昆蟲啃咬這些葉子，植物就會依照昆蟲的種類，釋放出特定氣味，吸引昆蟲的天敵前來。

**小菜蛾幼蟲啃咬時**

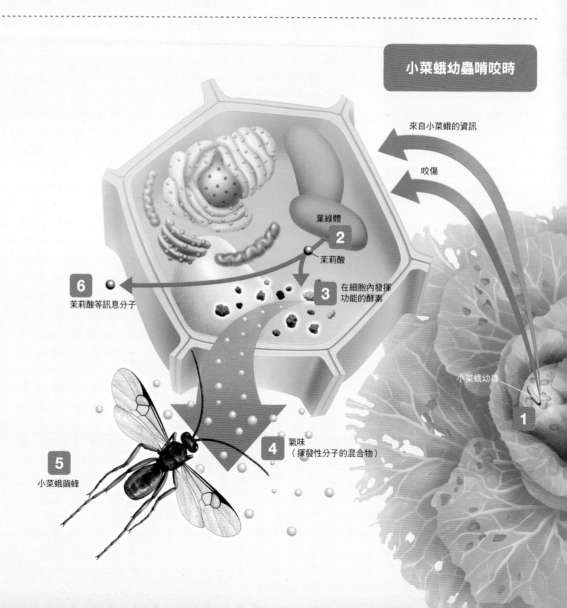

來自小菜蛾的資訊

咬傷

葉綠體

**2** 茉莉酸

**6** 茉莉酸等訊息分子

**3** 在細胞內發揮功能的酵素

小菜蛾幼蟲

**1**

**5** 小菜蛾繭蜂

**4** 氣味（揮發性分子的混合物）

會吃高麗菜的蟲包括小菜蛾與紋白蝶的幼蟲。高麗菜被不同的蟲啃咬時，菜葉會釋放出不同的氣味。如果是小菜蛾的幼蟲在啃咬，那麼菜葉釋放出來的氣味會引誘小菜蛾幼蟲的天敵「小菜蛾繭蜂」前來。另一方面，如果是紋白蝶的幼蟲在啃咬，那麼菜葉釋放出來的氣味則會引誘紋白蝶幼蟲的天敵「紋白蝶繭蜂」前來。這種被害蟲啃咬後馬上釋放出葉片內的揮發性分子，引誘害蟲天敵的防衛機制，稱為「誘導間接防衛」。

植物的環境反應

## 用氣味引來害蟲天敵的機制

**1 1** 高麗菜被蟲啃咬後，細胞會將自身受損的資訊，以及害蟲的種類資訊傳遞給周圍的細胞。

**2 2** 收到資訊的細胞會以葉綠體的細胞膜為原料，製造「茉莉酸」（jasmonic acid）。

**3 3** 在茉莉酸的作用下，細胞會開始合成各式各樣的酵素。

**4 4** 細胞陸續合成多種揮發性分子。此時，在某種機制下，酵素會根據蟲的種類而有不同的效果，使揮發性分子的混合比例出現差異。

**5 5** 揮發性分子可吸引昆蟲的天敵前來。

**6 6** 茉莉酸等訊息傳遞分子會擴散至周圍細胞，使周圍細胞產生相同反應。

※不過，還不曉得高麗菜為什麼知道是哪種蟲啃咬自己。

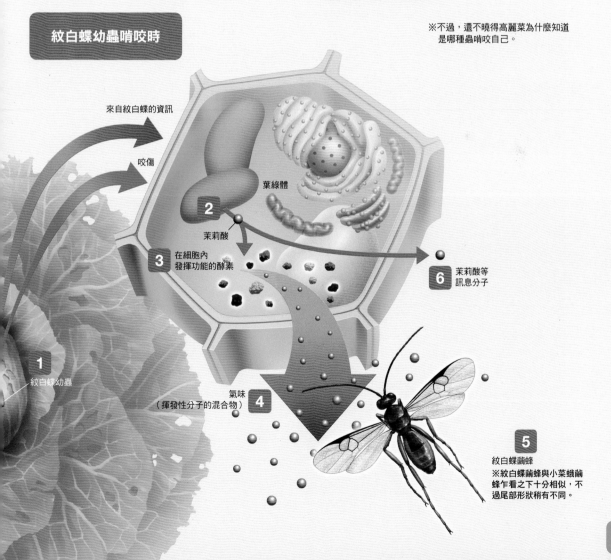

**紋白蝶幼蟲啃咬時**

來自紋白蝶的資訊

咬傷

葉綠體

**2**

茉莉酸

**3** 在細胞內發揮功能的酵素

**6** 茉莉酸等訊息分子

**1**

紋白蝶幼蟲

氣味
（揮發性分子的混合物）**4**

**5**

紋白蝶繭蜂
※紋白蝶繭蜂與小菜蛾繭蜂看之下十分相似，不過尾部形狀稍有不同。

# 在生態系中循環的物質與能量

所謂的生態系，是指在一個區域內生活，彼此間有某種關係的各種生物，再加上該區域內的水、陽光、土壤等非生物環境。生態系內的生物可以分為「生產者」、「消費者」、「分解者」。生產者以植物為代表，可以透過光合作用，用無機物合成出糖

### 碳循環與能量的流動

植物的光合作用產物會在1～4的循環中被吃掉和分解。在植物體內合成的化合物不只含有碳元素，也含有氧、氮、硫等元素，這些物質也有各自的循環。

## 1.

**利用陽光製造養分**

植物與植物性浮游生物可利用太陽光的能量進行光合作用，製造出糖。黃色箭頭表示光合作用製造出來的糖所含有的總能量。當這些糖進入其他生物體內，用於呼吸作用時，一部分的能量會轉變成熱散逸出去（紅色箭頭），所以深黃色箭頭會越來越細。

樹木或草
（生產者）

植物性浮游生物
（生產者）

※除此之外，光合細菌也會利用太陽光的能量製造糖。不過光合細菌的電子並非來自水分子，也不會釋放出副產物的氧。

植物與植物性浮游生物呼吸時，以熱的形式散逸出能量

（有機物）。消費者無法自行製造糖，需要吃其他生物以維持生命，以動物為代表。分解者以生產者及消費者的屍體與排泄物為食，以細菌與真菌為代表。生產者之間會為了搶奪陽光、水等資源而形成「競爭關係」。消費者與分解者也一樣。

　　生產者製造出來的糖會被消費者吃下，再被分解者分解，使糖回歸成無機物。接著這些無機物再度被生產者吸收利用。這就是物質在生態系內的循環（下圖）。

　　另外，能量也和物質一樣，會在生態系內循環。生產者會以陽光為能量來源，製造出糖。這些糖是消費者與分解者的能量來源。消費者與分解者呼吸後，能量則會以熱的形式釋放出來。

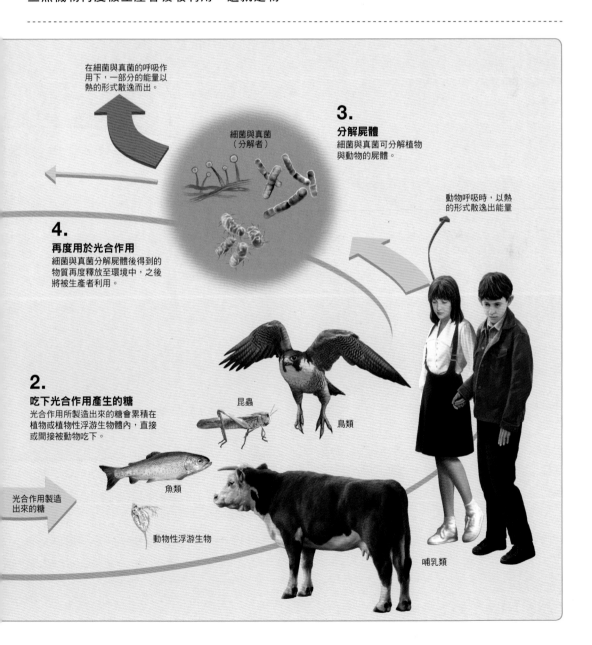

在細菌與真菌的呼吸作用下，一部分的能量以熱的形式散逸而出。

細菌與真菌
（分解者）

**3.**
**分解屍體**
細菌與真菌可分解植物與動物的屍體。

動物呼吸時，以熱的形式散逸出能量

**4.**
**再度用於光合作用**
細菌與真菌分解屍體後得到的物質再度釋放至環境中，之後將被生產者利用。

**2.**
**吃下光合作用產生的糖**
光合作用所製造出來的糖會累積在植物或植物性浮游生物體內，直接或間接被動物吃下。

昆蟲

鳥類

魚類

光合作用製造出來的糖

動物性浮游生物

哺乳類

# 一旦失去「關鍵物種」， 生態系就會崩潰

生　態系內的各種生物透過「吃與被吃」的關係緊密相連著。不過，要知道一個物種與其他物種之間有什麼關係，是件非常困難的事。人們往往在某個物種消失時，才明白到這個物種對生態系有什麼影響。

以美國加州近海的海獺為例（下圖）。當初擔心海獺把魚吃光，所以大肆獵捕，使海獺數量遽減。於是，海獺主食之一的海膽數量暴增，使巨海帶（giant kelp）數量遽減。巨海帶可做為魚的藏身處，巨海帶減少後，魚的數量也跟著大減。原本獵捕海獺的目的是為了增加魚群數量，卻產生了反效果。

像海獺這種存在與否會大幅影響整個生態系的物種，稱為「關鍵物種」（keystone species）。就像建造建築物用的基石，一旦拿走基石整個建築物就會崩潰。當關鍵物種消失，整個生態系就會崩潰。另外，生態系中的高級消費者是所謂的「庇護物種」（umbrella species）。打造出讓許多生物棲息環境的物種，則稱為「生態系工程師」（ecosystem engineer）。

---

## 關鍵物種

**原來的海**

海獺

巨海帶
（魚的藏身處）

海膽

巨海帶可做為許多魚種的藏身處。魚類可在此覓食、產卵。海底棲息著海膽，並以巨海帶為食。這個區域的海獺會以魚和海膽為食物。

**生態系遭破壞的海**

巨海帶的數量遽減，魚群消失

大量增生的海膽

海獺遭大肆獵捕而消失後，魚類和海膽都少了捕食者。於是海膽便大量繁殖。海膽會吃巨海帶的根，使巨海帶數量減少，魚類失去藏身處。

## 庇護物種

生態系內的高級消費者稱為「庇護物種」。保護這些物種，就能保護到牠們的食物族群以及棲息場所。水獺在日本已宣告絕種，不過全世界仍現存13個物種。照片為正在吃魚的水獺。

## 生態系工程師

河狸會鑿斷木頭，用來築水壩，建造池塘。池塘可做為許多生物的棲身處。這種會為其他生物打造生活環境的生物，稱為「生態系工程師」。像河狸這樣的生態系工程師，也是關鍵物種。

# 生物多樣性是什麼？有些多樣性還是由人類打造出來的

有各種各樣的生物存在的情況，稱之為「生物多樣性」。生物多樣性分為三個層次。

第一個層次是基因多樣性。即使是同一種生物，每個個體的基因鹼基序列仍略有差異。當物種個體數遽減時，族群內只剩下少量個體反覆交配，便會失去基因多樣性。舉例來說，目前只剩下100隻個體左右的西表山貓，其基因多樣性就變得相當匱乏。

第二個層次是物種多樣性，也就是物種的總數。目前賦予學名的物種共有200萬種以上，除了這些之外，可能還有幾千萬個未發現的物種。當物種滅絕時，便會失去物種多樣性。

第三個層次是生態系多樣性，即某個生態系內的食物鏈與物質循環的複雜程度。

我們人類是在富有生物多樣性的地球生態系中演化出來的，現在也還受惠於這眾多的福利（生態系服務，ecosystem services）（下圖）。另外，像是水田或里山（有人聚居的淺山）這種由人類打造維持的環境，也有相當高的生物多樣性（右下照片）。

---

**生態系給予的福利**　生態系給予的福利，稱為「生態系服務」，大致上可以分成四類。

**供給服務**
提供糧食、建築材料、燃料等來自自然界的「材料」。

**調節服務**　$CO_2$
森林可吸收二氧化碳，調節氣候，減輕洪水等自然災害的影響，有調節環境的功能。

**文化服務**
人們可欣賞濕地景觀與當地的生物。生態系可提升人類的文化與知性。

**支持服務**
分解者　　日光　　生產有機物

蚯蚓、細菌、真菌可分解生物的屍體，形成土壤，提供植物生長必須的養分。而植物的光合作用可以製造生物必須的有機物。這些作用可成為各種生態系的基礎，支持「供給」、「調節」、「文化」等三種服務。

三種「多樣性」

**物種多樣性**

動物包含了許多物種，有些棲息在海中，有些棲息在陸地。再加上昆蟲、植物、微生物，以及未發現的生物，整個生物圈的物種可能在數千萬種以上。

**基因多樣性**

要是物種個體過少的話，基因多樣性可能會過低。插圖為棲息於西表島的西表山貓。依照2008年的調查，西表山貓族群有逐漸減少的傾向，目前僅有約100頭。

**生態系多樣性**

里山包含了人們居住的聚落與周圍的農地、河川，是包含了適度人為調整的自然生態系。另外，水田與周圍環境、住在該地的生物合稱為「水田生態系」。地球上也存在著這種由人類維持多樣性的生態系。

**里山的風景**

深山（原始林）

雜木林
（由人類管理的森林）

聚落

水田

# 全球暖化與氣候變動
# 會改變生物的行為

在 過去100年內，地球的平均氣溫持續上升。1980年起，暖化速度是過去的2倍。於此同時，世界各地的乾旱、森林大火、洪水也年年增加。可見全球暖化與氣候變遷已對生物造成了嚴重影響。

多數生物的成長與繁殖會依照季節進行。

## 暖化的影響

### 產卵時期的改變

1978年時，紫背椋鳥（*Sturnus philippensis*）平均於5月25日開始產卵。不過到了2004年，開始產卵的日期提前到了5月10日（小池、樋口，2006）。

### 棲息地區減少

北極熊（*Ursus maritimus*）主要在海冰上獵捕食物。但全球暖化會使海冰越來越少，一般預測北極熊的數量也將大幅減少。

但隨著全球暖化，生物的開花時期與產卵時期也在跟著改變。舉例來說，飛行路線會經過日本的候鳥紫背椋鳥（照片）的產卵起始日，就比27年前早了約15天。

全球暖化也使生物的分布區域出現變化，許多蝴蝶（照片）與鳥類都有這樣的情況。不過，如果棲息環境原本就相當侷限的話，該生物無法移動到其他區域，也會逐漸減少個體數量。事實上，高山和南北極地區的生物，正在失去牠們的棲息地（照片）。

生物與生物之間存在著複雜的交互關係，譬如吃與被吃、協助傳播花粉、寄生等。要是植物的開花時期改變，就會使生物間的關係出現變化，甚至可能造成其他物種的個體減少或滅絕。

### 分布區域的變化

在1950年以前，大鳳蝶（*Papilio memnon*）在日本的分布北限為山口縣與愛媛縣。不過到了2000年時，關東地方各處也都看得到（樋口等人，2009）。

### 開花時間提早

日本的櫻花平均開花時間比10年前早了1.6天（小池等人，2012）。另外，在一項以阿拉伯芥為對象的實驗中，隨著全球暖化越來越嚴重，開花期間也會越來越短，最後甚至不會開花（Satake等人，2013）。

# 捲入許多生物的「滅絕漩渦」

目前地球的生物多樣性正以空前的速度減少。

生物滅絕的主要原因是棲息地受到破壞。全世界的森林遭砍伐、廣大的草原變成田地、河川建起了水壩，使生物失去棲身之地。另外，生物數量的回復速度趕不上遭到捕獵（濫捕）的速度時，生物也會有滅絕危機。

外來種也是威脅生物多樣性的一大原因。當人類將物種從原生地帶到其他地方時，就是所謂的外來種。有些外來種會吃掉當地物種、搶走當地物種的棲息地，甚至帶來傳染病，對新棲地的生態系與人類帶來不良影響，稱為侵略性外來種，是需要加以移除的對象。

前述原因可能會使某種生物的數量大減，一個物種的數量大減後，要維持物種的存在就變得相當困難（圖）。個體數量減少時，會失去基因多樣性，使死亡率升高、難以適應應環境變化。於是生物族群會變得更小，最後滅絕。這就是所謂的「滅絕漩渦」。

外來種

「山羌」是棲息於中國南部與台灣的鹿科動物。日本曾經有山羌逃出動物園後，移入千葉縣與伊豆大島。

濫捕

全世界的朱鷺曾一度只剩下幾隻。

棲息地破壞

森林遭砍伐，生物的棲息地越來越少。

個體減少

滅絕漩渦

性別失衡，或者
出現近親交配

基因多樣性減少

減絕漩渦

減絕漩渦的示意圖。棲息地破壞、濫捕、外來種移入等事件會
使個體數減少。此時可能會發生性別失衡、少數個體間的交配
（近親交配），使基因多樣性進一步減少。基因多樣性
減少時，會增加子代死亡率，使族群的個體變得更少。

子代的死亡率升
高，繁殖率下降

個體數更少

滅絕

COLUMN

# 地下深處存在巨大的生物圈

說到地球上的生物，可能會聯想到棲息在海中或陸地的生物。不過，最新的一份報告指出，在「地下」，有個總體積約23億立方公尺的生物圈，是地球海洋體積的 2 倍。許多細微的生物在這個生物圈中大量繁殖。這是國際研究團隊「深碳觀測站」（Deep Carbon Observatory，DCO）於2019年發表的報告。

## 與地上世界截然不同的生活方式

研究人員在世界各地的大陸與海底深處挖掘採樣，希望瞭解這些地方有多少生物棲息。後來他們從數百個樣本中瞭解到，地底下的每個地方都含有數量龐大的微生物，而且很多都是未知物種。

棲息在地底下的生物幾乎都是細菌與古細菌。科學家認為，棲息在地球上的細菌與古細菌約有70％都居住在地底下。另外，研究人員還在地底下找到了「線蟲」。線蟲是一種真核生物。也就是說，地下世界也和地上世界一樣，同時擁有三個「域」的生物。

地下生物的生活方式與地上生物截然不同。地底的環境高溫又高壓，太陽光無法抵達，生物能使用的資源非常少。地底下的生物會利用水與甲烷獲得能量。與地上生物相比，時間尺度完全不同，地下生物的生活步調極度緩慢。

研究地下生物有助於瞭解生物的起源，並能成為探索其他行星的生物時的線索。這些為數眾多的神祕生物，就一直住在我們的腳下。

下沉的板塊

地表

地函對流

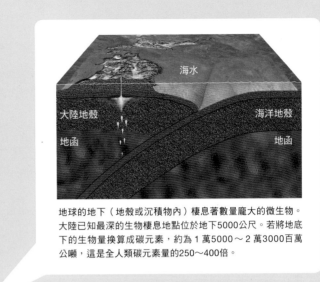

地球的地下（地殼或沉積物內）棲息著數量龐大的微生物。大陸已知最深的生物棲息地點位於地下5000公尺。若將地底下的生物量換算成碳元素，約為1萬5000～2萬3000百萬公噸，這是全人類碳元素量的250～400倍。

內核
（固態鐵等）

地函對流

外核
（液態鐵等）

## 棲息在地球最深處的微生物

採自海底下方2公里處的煤炭層樣本中，可以找到微生物。下圖為培養這些微生物後，以掃描電子顯微鏡拍攝到的照片。如蚯蚓般扭來扭去的是微生物（細菌或古細菌）。照片右下角的比例尺為0.01毫米。

# 7

# 生命的歷史
History of life

# 生命原料來自海底熱泉？

包括病毒在內，不管是哪種生物都擁有核酸（DNA或RNA）與蛋白質。這些生命的原料不只在剛形成的地球，也出現在後來的特定環境中。這個過程，稱為「化學演化」。

美國科學家米勒（Stanley Miller，1930～2007）在1953年時進行實驗。將甲烷、氨、水蒸氣放入燒瓶內，以水蒸氣循環，對其反覆放電。實驗經過了數天，在燒瓶的底部開始慢慢出現胺基酸（蛋白質的原料）與鹼基（核酸的原料）。成功用當時假設原始地球的簡單化合物，合成出複雜的化合物。不過現在認為，原始大氣成分與米勒實驗中使用的原料並不一致。那麼，胺基酸與核酸是如何形成的呢？回答這個問題的關鍵在於深海的「海底熱泉」。

海底熱泉是滲入海底的水經地熱加熱到300℃後噴出形成（第40頁）。熱水會將硫化氫等化學活性高的物質，以及甲烷等單純有機物從地底下沖上來。接著熱水內的單純有機物會進一步結合成RNA與蛋白質的原料。也有科學家認為海底熱泉就是最初生命誕生的地方。

本章將帶大家看看生命的歷史。

# 「米勒的實驗」重現了有機物的自然合成

當時是芝加哥大學研究生的米勒，將主成分為甲烷、氨的混合氣體充入燒瓶，並以水蒸氣促進循環。這些混合氣體的成分是模擬當時假設的原始地球大氣。接著米勒對燒瓶反覆施加電擊，模擬打雷，最後燒瓶內產生了各式各樣的有機物。其中就包含了生命原料，甘胺酸、丙胺酸等胺基酸（蛋白質的原料），以及鹼基（DNA與RNA的原料）。

甲烷　　　氨

模仿打雷
的放電

放電後產生的
胺基酸分子

模擬海水
的積水

產生水蒸氣，
在裝置內循環

海底熱泉
（黑煙囪）

海底熱泉
（白煙囪）

## 海底熱泉

在溫度超過300℃的「黑煙囪」海底熱泉，溫度過高，無法形成RNA或蛋白質的原料。不過，周圍溫度較低的海底熱泉「白煙囪」可噴出溫度較低的「溫水」。另外，熱泉噴孔孔壁的海綿狀結構，可讓溫度較低的水滲入海水中。這些地方可能會發生各種化學反應，產生複雜

# 「細胞膜」的
# 形成機制與肥皂泡類似

現 生生物的細胞膜是細胞依照DNA的資
訊建構而成（第 2 章）。一般認為，
早期地球可以自然形成單純的膜，其形成機
制就類似肥皂泡的膜。

構成生物細胞膜的是「磷脂」分子。磷脂
可分成兩個部分，分別是與水親近的親水
基，以及與水互斥的疏水基。為了讓親水基
靠近水，疏水基遠離水，磷脂會形成雙層結
構的膜。當這個膜形成球狀，結構上就是簡
單的「細胞膜」了。現生生物的細胞膜上嵌

---

從分子到膜

**分子的排列形成膜** 分子可分為排斥水的部分（疏水基：黃綠色的長鏈）與親水的部分（親水基：粉紅色的球）。分子在海中飄盪時，親水基、疏水基會開始聚集起來，形成親水基在外側的「脂雙層」結構。

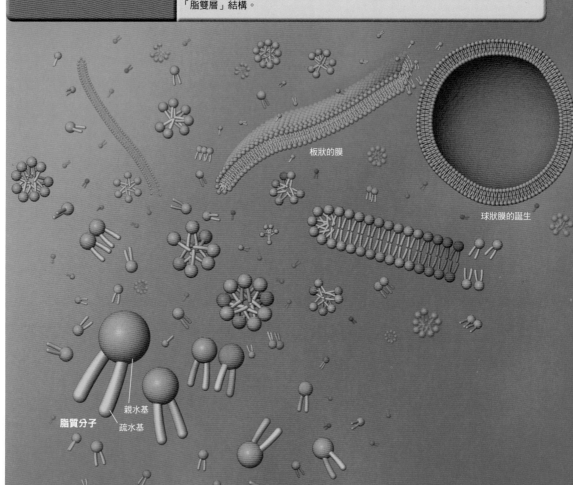

板狀的膜

球狀膜的誕生

脂質分子
親水基
疏水基

著許多蛋白質，結構相當複雜。不過就脂雙層的結構基礎來說，現在的細胞膜和這種「原始的膜」是一樣的。

這種膜如何轉變成最初的生命呢？

有人猜測，一開始膜是偶然包裹住了飄盪在海中的RNA與蛋白質。在海中飄盪的RNA與蛋白質關進膜內後，會反覆參與反應，使生命急速演化。另外，因為有了細胞膜，生物可進行「代謝」，對生物來說是演化的一大步（右圖）。

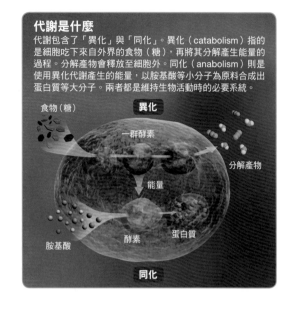

### 代謝是什麼

代謝包含了「異化」與「同化」。異化（catabolism）指的是細胞吃下來自外界的食物（糖），再將其分解產生能量的過程。分解產物會釋放至細胞外。同化（anabolism）則是使用異化代謝產生的能量，以胺基酸等小分子為原料合成出蛋白質等大分子。兩者都是維持生物活動時的必要系統。

食物（糖）

異化

一群酵素

分解產物

能量

胺基酸

酵素

蛋白質

同化

---

### 細胞膜膨脹、分裂

與蛋白質、DNA不同，細胞膜不須依賴設計圖便可自行增殖。細胞膜可以在包裹住蛋白質與RNA的情況下自行分裂。分裂過程中，可能會將自我複製能力較差的蛋白質或RNA孤立起來，成為「死細胞」，達到天擇的目的。

分裂後的膜

分裂後的膜

RNA

蛋白質

# 最初的遺傳物質是RNA？

現在的生物體內，基因與酵素（蛋白質）可互相支援彼此的功能（第90～99頁）。

不過，如果某種物質有基因和酵素的功能，這個物質應該就可以複製自己的基因。最初的生命應該就是這樣的物質吧？於是焦點就放在DNA與蛋白質之間的「RNA」上。

RNA與DNA類似，也是擁有遺傳資訊的物質。事實上，就有不少病毒是用RNA做為遺傳物質。不過，現在的生物的RNA都比DNA短很多，而且多為單鏈結構。

RNA與DNA最大的不同點在於，RNA會像蛋白質那樣形成某種特定結構，執行特定功能。1982年，美國的分子生物學家切赫（Thomas Cech，1947～）與加拿大的分子生物學家奧特曼（Sidney Altman，1939～）發現了「有酵素功能的RNA」，並將其命名為核糖核酸酵素（ribozyme）。

這個發現讓美國的分子生物學家吉爾伯特（Walter Gilbert，1932～）想到「或許某些核糖核酸酵素有複製RNA的功能」，於是在1986年發表了「RNA世界假說」，認為「RNA（核糖核酸酵素）最早誕生，之後獲得了蛋白質與膜，形成最初的生命」。現在，RNA世界假說是說明生命起源時最有說服力的假說。

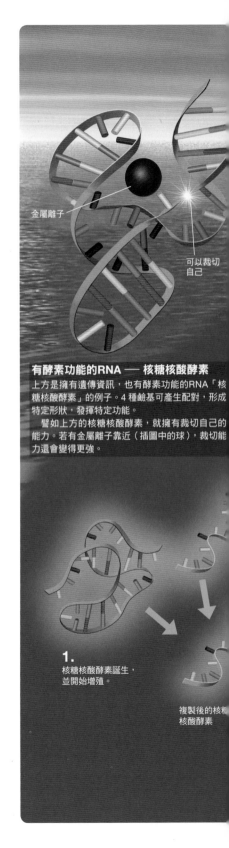

金屬離子

可以裁切自己

**有酵素功能的RNA —— 核糖核酸酵素**
上方是擁有遺傳資訊，也有酵素功能的RNA「核糖核酸酵素」的例子。4種鹼基可產生配對，形成特定形狀，發揮特定功能。
　　譬如上方的核糖核酸酵素，就擁有裁切自己的能力。若有金屬離子靠近（插圖中的球），裁切能力還會變得更強。

**1.**
核糖核酸酵素誕生，並開始增殖。

複製後的核糖核酸酵素

## RNA世界假說中的「最初生命」

圖中的1～4為RNA世界假說的示意圖。最初的RNA可能是在濕地形成，原料是海水或火山灰中的分子（插圖右上）。另外，至今已發現許多擁有各種功能的核糖核酸酵素，卻沒有發現插圖中那種可以複製RNA的核糖核酸酵素。

RNA世界假說

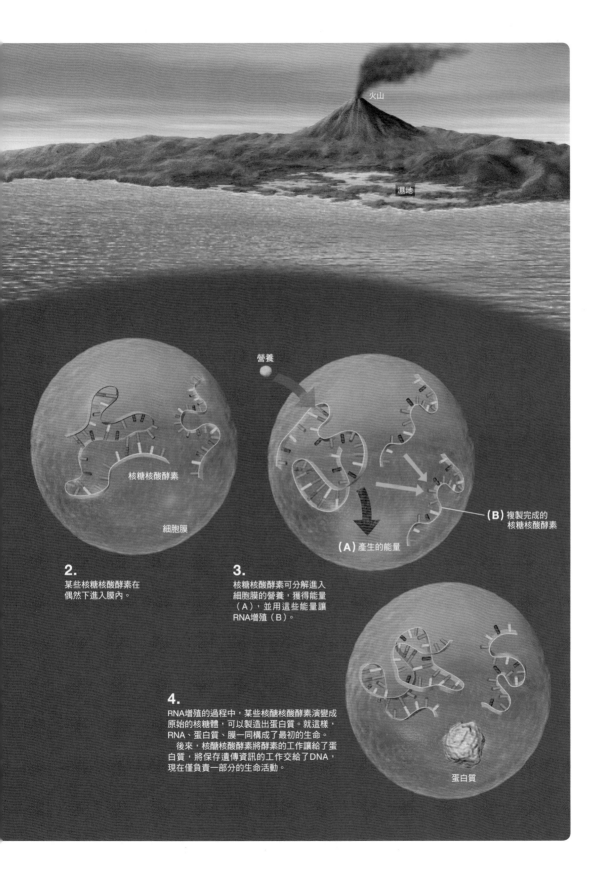

火山

濕地

營養

核糖核酸酵素

細胞膜

**(A)** 產生的能量

**(B)** 複製完成的
核糖核酸酵素

**2.**
某些核糖核酸酵素在
偶然下進入膜內。

**3.**
核糖核酸酵素可分解進入
細胞膜的營養，獲得能量
（A），並用這些能量讓
RNA增殖（B）。

**4.**
RNA增殖的過程中，某些核醣核酸酵素演變成
原始的核糖體，可以製造出蛋白質。就這樣，
RNA、蛋白質、膜一同構成了最初的生命。
　　後來，核醣核酸酵素將酵素的工作讓給了蛋
白質，將保存遺傳資訊的工作交給了DNA，
現在僅負責一部分的生命活動。

蛋白質

# 生成氧氣的細菌
## 「藍菌」

**最**初的生命長什麼樣子呢?至今仍難以想像這個問題的答案。不過,一般認為最初的生命應該是個原核生物。

有種早期的原核生物在早期地球大量繁殖,改變了地球的環境,這種生物就是「藍菌」。藍菌這種細菌可利用陽光行光合作用,以二氧化碳與水為原料,製造出自身需要的物質,並釋放出氧氣。

藍菌誕生以前的地球就像插圖一樣,天空海洋都是一片橘紅色。

這時候的大氣幾乎不含氧氣,卻含有大量甲烷、二氧化碳等溫室氣體。另外,大氣中也存在著大量由甲烷的反應而產生的微粒,所以天空會呈橘紅色。此時的海洋則含有豐富的鐵離子。藍菌就是在這樣的環境中大量增生。

藍菌釋放出來的氧會與海洋中的鐵離子反應成「氧化鐵」,堆積在海底。另外,氧也會與大氣中的甲烷反應,使甲烷減少。於是,由甲烷的反應而產生的微粒便大幅減少,使天空轉變成清澈的藍色。另外,光合作用也讓大氣中的二氧化碳逐漸減少,氧氣遂逐漸增加。

藍菌花了約 5 億年的時間,使地球環境產生了劇烈變化。

### 由藍菌堆疊而成的岩石「疊層石」

由藍菌的屍體與泥堆疊而成的層狀岩石。藍菌會在疊層石的表面進行光合作用,死亡後就會成為下一代藍菌的立足之處,使疊層石緩慢而持續長大成圓頂外型。現在澳洲西部的鯊魚灣就保留了許多由藍菌堆疊成的疊層石。

## 幾乎不存在氧氣的地球

約27億年前的地球想像圖。此時的大氣主要成分為二氧化碳、甲烷。因為空氣中有許多微粒，所以能見度很差，使天空呈橘紅色。

二氧化碳

甲烷

鐵離子

細
胞
內
共
生
學
說

# 在細胞內與細胞共生的 「粒線體」

**藍** 菌的出現，使地球大氣的氧氣含量越來越高。也陸續出現用氧分解有機物，有效獲得能量的生物。

美國生物學家馬古利斯（Lynn Margulis，1938～2011）於1967年發表了「細胞內共生學說」，認為很久以前的某種細胞在吞下細菌

## 在真核生物的細胞內同住的細菌

馬古利斯的細胞內共生學說示意圖。這個假說提到「粒線體」與「葉綠體」原本是細菌，這些細菌被古細菌吞下後，才演化成了真核細胞的胞器。

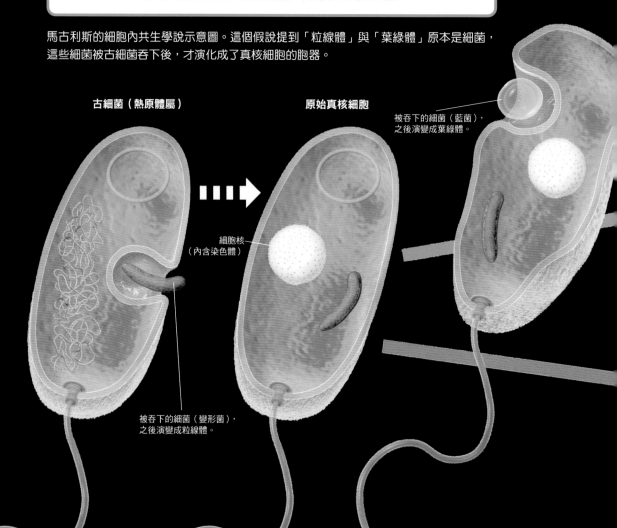

古細菌（熱原體屬）

原始真核細胞

被吞下的細菌（藍菌），之後演變成葉綠體。

細胞核（內含染色體）

被吞下的細菌（變形菌），之後演變成粒線體。

後，演化成動植物這類的真核細胞。

依照這個說法，距今20億～10億年前，原核生物（現在的古細菌）吞下了細菌。被吞下的細菌可以利用氧分解有機物，藉此獲得能量。於是古細菌就將有效製造能量（有氧呼吸）這項重要工作交給了被吞下的細菌。而對於被吞下的細菌來說，只要待在古細菌體內，就能獲得營養。所以這是古細菌與細菌彼此都能獲利的「共生生活」（symbiotic life）關係。

這種由古細菌與細菌融合而成的生物，便成為了後來的真核細胞，被吞下的細菌則轉變成了細胞內負責製造能量的胞器「粒線體」（第36頁）。這就是動物細胞與植物細胞的由來。現在的粒線體擁有脂雙層結構，又擁有自己的DNA，還能自行分裂增加數量，都是細胞內共生學說的重要證據。

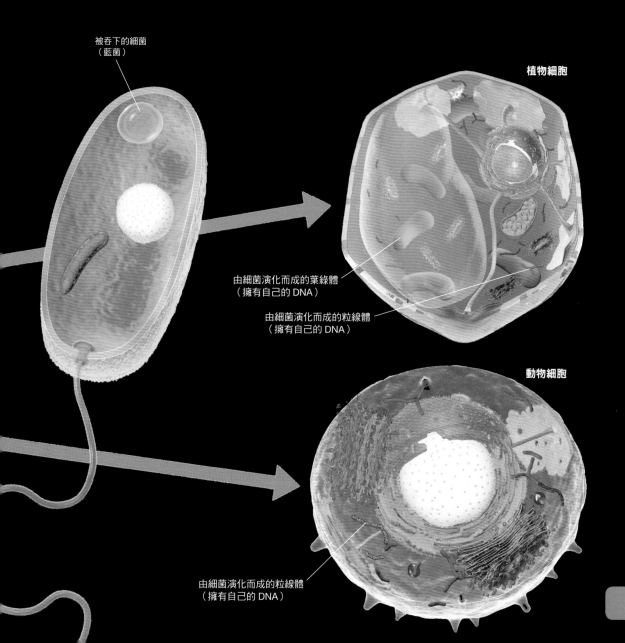

被吞下的細菌
（藍菌）

**植物細胞**

由細菌演化而成的葉綠體
（擁有自己的 DNA）

由細菌演化而成的粒線體
（擁有自己的 DNA）

**動物細胞**

由細菌演化而成的粒線體
（擁有自己的 DNA）

# 約5億年前，突然出現多種動物

**最** 初生命的誕生時間有很多種說法，一般認為是在35億年前。在這之後的30億年間，生物持續慢慢地多樣化及演化。

而在距今約5億年前的寒武紀，突然出現大爆發，出現各式各樣的動物。

在寒武紀以前的地層，只找得到海綿動物門、刺胞動物門、櫛板動物門等三類動物的化石。在進入寒武紀的地層時，突然出現許多種「三葉蟲」化石。短短的1000萬年間，就出現與現在相同的38個門。

許多科學家將這段期間內的生物突發性演化及多樣化，稱為「寒武紀大爆發」。

櫛板動物門
（櫛水母）

海綿動物門
（海綿）

刺胞動物門
（海葵）

## 從3門到38門。大量冒出多種動物的寒武紀大爆發

寒武紀開始於5億4100萬年前，結束於4億8500萬年前，共約5600萬年。科學家對寒武紀大爆發確切的時間與期間各有不同的見解，本頁採用的是5億2500萬年前～5億1000萬年前的說法。另外，這裡畫出的動物插圖，分別是該動物群的代表物種。以黃色的圓為底的動物，則是寒武紀大爆發的代表性生物。

前寒武紀時代

**10億年前**

星蟲動物門
絲盤蟲動物門
有爪動物門
蛻蟲動物門
珍無腸動物門

緩步動物門
扁形動物門
紐形動物門

螯肢動物門
甲殼動物門

內肛動物門
環口動物門
軟體動物門
鉤頭蟲動物門
櫛板動物門
菱形動物門
顎胃動物門
腹毛動物門
海綿動物門
圓形動物門
鐵線蟲動物門
刺胞動物門
動吻動物門

鎧甲動物門
直泳動物門

毛顎動物門

半索動物門
輪形動物門
環節動物門
單肢動物門
鬚腕動物門
鰓曳動物門
帚形動物門
五口動物門
腕足動物門
苔蘚動物門
棘皮動物門

## 突然暴增的節肢動物
節肢動物在寒武紀以後急速增加。

**各種節肢動物**

鳥類

恐龍類

有鱗類

爬行類

兩生類

魚類

哺乳類

**脊索動物門 脊椎動物亞門**

## 人類演化之路
在寒武紀時期便已經出現了最古老的脊椎動物。換言之，脊椎動物的歷史從寒武紀就開始了。後來才演化出兩生類。哺乳類於三疊紀（約 2 億5100萬年前～約 2 億年前）時出現，並在6550萬年前恐龍滅絕前後開始多樣化，靈長類就是其中之一，並在之後演化成人類。

人類（靈長類）

寒武紀　奧陶紀　志留紀　泥盆紀　石炭紀　二疊紀　三疊紀　侏羅紀　白堊紀　古近紀 新近紀

億年前　　　　4億年前　　　　3億年前　　　　2億年前　　　　1億年前

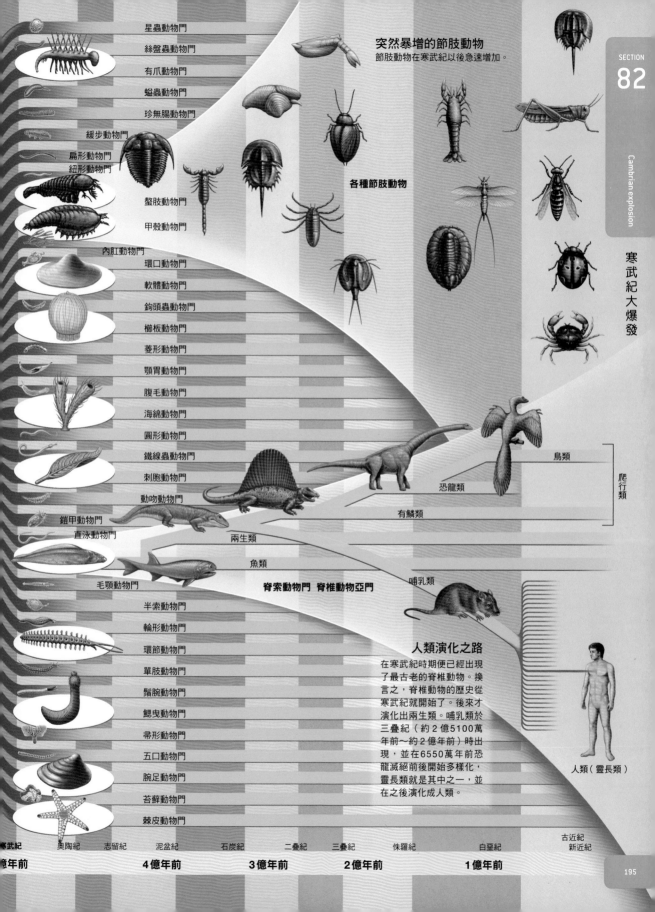

# 約5億年前，突然出現多種動物

現在地球上的哺乳類相當繁盛。這是因為6550萬年前的恐龍大滅絕，讓哺乳類有機會填補這個空白棲位（第144頁），並進一步達到多樣性演化。

地球史上至少發生過5次「大滅絕」事件。在這些年代前後的地層發現的化石物種，有著相當大的差異。

右圖是6億年前到現在，海中無脊椎動物的「科數」變化示意圖。圖上的白色箭頭標示了科數銳減的時間點，也就是大滅絕的發生時間。

有趣的是，即使發生了5次大滅絕，寒武紀大爆發時誕生的動物門，現在都還看得到。舉例來說，二疊紀大滅絕時，估計約有96%的物種滅絕，不過在物種數恢復後，還是可以看到大滅絕前的各個生物門。由此可以瞭解到，即使發生大滅絕事件，較高層次的分類群也不會因此消失。

另外，除了6550萬年前的白堊紀末大滅絕之外，其他大滅絕的原因至今仍不明。雖然學界有許多假說，但因為是很久以前發生的事件，留下來的證據相當少，使這些假說的驗證工作變得十分困難。

## 生物大滅絕與科數的變化

下圖是6億年前到現在，海洋無脊椎動物的科數變化示意圖（Sepkoski，1990），製作者為芝加哥大學古生物學家塞普考斯基（Jack Sepkoski，1948～1999）。塞普考斯基將海中生物劃分成「現代型動物群」、「古生代型動物群」以及「寒武紀型動物群」等三類，並依照這個分類畫出了這張圖。這三個動物群約在6億年前出現，而寒武紀動物群約在3億6000萬年前幾乎滅絕，另外兩個動物群則存活至今。

鄧氏魚
魚類。6m

奇蝦
節肢動物或蛻皮動物。60cm

寒武紀型動物群

6億年前　　寒武紀　　奧陶

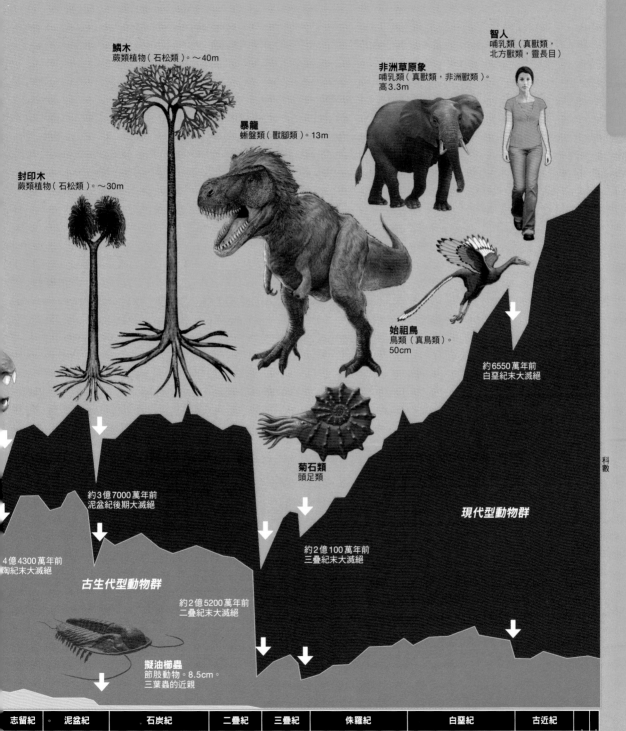

鱗木
蕨類植物（石松類）。～40m

封印木
蕨類植物（石松類）。～30m

暴龍
蜥盤類（獸腳類）。13m

非洲草原象
哺乳類（真獸類，非洲獸類）。
高3.3m

智人
哺乳類（真獸類，
北方獸類，靈長目）

始祖鳥
鳥類（真鳥類）。
50cm

約6550萬年前
白堊紀末大滅絕

菊石類
頭足類

約3億7000萬年前
泥盆紀後期大滅絕

現代型動物群

4億4300萬年前
陶紀末大滅絕

約2億100萬年前
三疊紀末大滅絕

古生代型動物群

約2億5200萬年前
二疊紀末大滅絕

擬油櫛蟲
節肢動物。8.5cm。
三葉蟲的近親

科數

| 志留紀 | | 泥盆紀 | 石炭紀 | 二疊紀 | 三疊紀 | 侏羅紀 | 白堊紀 | 古近紀 | | |
|---|---|---|---|---|---|---|---|---|---|---|
| 億<br>萬年前 | | 3億<br>5890萬年前 | | 2億<br>5217萬年前 | 2億<br>130萬年前 | | | 6550萬年前<br>新近紀 | | 第四紀<br>（～現今） |

# 人類譜系中
# 只有我們存活至今

人類的祖先出現於700萬～600萬年前，歷經南猿（俗稱猿人）、原人（巧人和直立人）的階段，演化出智人。在這個過程中，出現了許多物種，也有許多物種消失。至今發現約20種人類近親的化石。不過我們現代人是唯一存活至今的物種。

「人與黑猩猩的共同祖先」和南猿的主要差異，在於能否直立雙足步行及犬齒的型態。人類與類人猿在犬齒與小臼齒的咬合上有很大的差異。

與南猿（下圖的紅帶）相比，原人（下圖的橙帶）的腦容量大幅增加，體型也較大。早期的人屬動物包括240萬年前的巧人，以及之後的直立人。常聽到的爪哇猿人、北京猿人都屬於直立人。

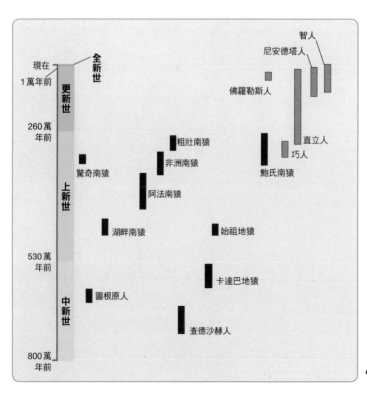

## 從南猿到現生人類

從南猿演化至現生人類的示意圖。色帶分布表示已確認的該人類化石存在年代。紅色為南猿，橙色為原人以後的人類。

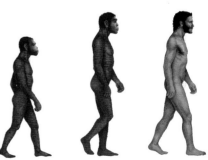

早期人類

在衣索比亞的440萬年前地層中發現的化石「始祖地猿」（*Ardipithecus ramidus*）的復原插圖。始祖地猿是一種早期人類，在分類上屬於「南猿亞族」。

**ATP**
三磷酸腺苷。由腺苷（含有腺嘌呤）與三個磷酸連接而成的分子，生命活動的能量來源。

**mRNA**
傳訊RNA（messenger RNA）。以DNA（去氧核糖核酸）的鹼基序列為鑄模合成出來的RNA，製造蛋白質時可用以指定胺基酸的序列。

**T細胞**
一種淋巴球，屬於免疫細胞。包含輔助T細胞、調節T細胞、效應T細胞、胞毒T細胞等四種。

**中心法則**
基因資訊的傳遞原則。DNA經轉錄後成為RNA，接著再轉譯成蛋白質，由英國分子生物學家克里克提出。

**互利共生**
共生的生物間，彼此都能獲得利益的共生關係。

**內分泌**
將分泌物釋放至體外的分泌系統稱為「外分泌」。相對地，將分泌物釋放至體內，與體液混合的分泌系統稱為「內分泌」。內分泌沒有特定導管，直接由分泌腺釋出至體內，而內分泌的分泌物稱之為「激素」。激素會順著血液，巡迴身體各處，抵達目標器官。

**化學演化**
地球出現最初生命之前的物質演化。一開始會從環境中的成分合成出單純的有機分子，之後可能還會自行聚合成大分子。

**反密碼子**
與mRNA上的密碼子互補的「互補密碼子」。

**反轉錄酶**
將RNA反轉錄成DNA的酵素。

**天敵**
透過捕食或寄生殺死某特定生物，阻止其增殖的生物。譬如老鼠的天敵是貓或鼬。

**水平傳播**
基因不是由親代傳給子代，而是由個體直接傳給另一個個體，因此稱為水平傳播。

**片利共生**
共生的生物間，一方獲得利益，另一方沒有也沒有損失的共生關係。

**加拉巴哥群島**
南美洲由厄瓜多管理的群島。達爾文在群島上的觀察活動，啟發他寫下演化論。擁有許多特有種是該群島的一大特徵。

**甲基化**
將氫原子置換成甲基的反應。生物可透過甲基化DNA或蛋白質，激發或調整其功能。

**光合作用**
利用光的能量，以二氧化碳為原料，合成出有機物的過程。

**同卵雙胞胎**
由同一個受精卵發育而成的雙胞胎。因為基因完全相同，所以外表與性格也十分相似。「異卵雙胞胎」是指兩個卵同時受精產下的雙胞胎，擁有不同基因。

**同源基因**
主導生物形態形成的基因。

**有性生殖**
一種生殖方式。由雌雄配子的融合，發育成新的個體。

**有氧呼吸**
需要氧的呼吸。

**有機物**
除了二氧化碳、一氧化碳、碳酸與碳酸鹽類之外，含碳化合物的總稱。

**米勒**
美國科學家。1953年重現當時猜想的「原始地球大氣」，並透過反覆電擊，成功將單純的化合物合成為複雜的化合物。

**血小板**
血液的成分，由巨核球的細胞質碎裂形成。沒有細胞核，有凝血功能，可協助止血。

**血漿**
血液去除「紅血球、白血球、血小板」後留下的液體成分。主要成分為水與蛋白質，含有負責凝血作用的血纖維蛋白原。

**廷伯根**
荷蘭動物學家及鳥類學家。1973年獲得諾貝爾生理醫學獎。

**肝醣**
常見於動物細胞的多醣分子，有動物澱粉之稱。肝臟與肌肉內含有許多肝醣，分解後可做為能量來源。

**果蠅**
雙翅目果蠅科的昆蟲總稱，為體長2～4毫米的微小蠅類。果蠅是遺傳學常用的研究材料，一個世代的週期相當短、染色體的數量很少是其做為研究材料的優點。

**林奈**
瑞典的博物學家。在著作《植物種誌》中確立了二名法，《自然系統》則成為動物命名法的基礎。

**虎克**
17世紀英國科學家。在著作《顯微圖譜》中刊出了軟木塞的細胞結構圖。

**表觀遺傳學**
研究生物如何透過遺傳資訊（DNA）的變化來控制基因表現的學問，稱為「遺傳學」。相較於此，研究生物如何在不改變鹼基序列的情況下，控制基因表現的學問，稱為「表觀遺傳學」。

**哈溫平衡**
對於某個物種來說，在滿足一定條件時，族群內的基因比例不會出現變化，稱為達到哈溫平衡。英國數學家哈地與德國的醫生溫伯格各自推導出相關公式，故稱哈溫定律。

## 原核細胞
沒有細胞核的細胞。因為沒有細胞核，所以DNA是以裸露的形式存在於細胞內。

## 捕食者
若兩生物間存在「吃與被吃」的關係，那麼捕食者指的是吃的一方，也稱為掠食者。被吃的一方則稱為獵物。

## 核糖體
在細胞質內合成蛋白質的小粒子。

## 病毒
無法自行複製，需要在動物、細菌、植物等活細胞內增殖。

## 真核生物
由真核細胞構成之生物的總稱。

## 胸腺
讓T細胞等擁有免疫功能的淋巴球分化增殖的器官。人類的胸腺位於胸骨後側。幼兒期時最為發達，青春期以後開始萎縮。

## 脊椎動物
擁有脊椎結構以支撐身體的動物。分類上屬於脊索動物門的脊椎動物亞門。

## 配子
有性生殖中，結合成受精卵的細胞。

## 胺基酸
含有胺基與羧基兩種官能基的有機化合物總稱，是構成蛋白質的小分子。動物無法在自己體內合成的胺基酸稱為「必需胺基酸」。

## 基因重複
基因多了一份副本的情況。

## 基因體
一組染色體內的所有鹼基序列。

## 密碼子
基因密碼的單位。連續三個鹼基為一組的密碼。

## 條鰭魚類
鰭上有許多刺，成條狀輻射。現生魚類大多屬於條鰭魚。

## 蛋白質
胺基酸之間以肽鍵連接而成的高分子含氮化合物。蛋白質的原文protein源自德語，意為「蛋白」。

## 造血幹細胞
製造紅血球、白血球、血小板等血液細胞的幹細胞。

## 寒武紀大爆發
發生於古生代寒武紀初期（約 5 億4000萬年前）的生物物種爆發性增長事件。

## 棲位
源自法語的「niche」，意為「空隙」。生物學中的棲位意為某個生物在生態系中的定位。

## 植物細胞
真核細胞中擁有葉綠體，細胞壁相當發達的細胞。

## 無性生殖
不需要依靠性的生殖方式。包括分裂、出芽、營養繁殖等。

## 無氧呼吸
主要存在於黴菌、細菌的一種呼吸方式。不需要氧的呼吸方式。

## 葉綠體
在藻類與綠色植物中可見的含色素胞器。因含有葉綠素而呈綠色。

## 葡萄糖
一種單醣。1747年由葡萄乾中分離出來的醣類。

## 熱泉
地底下的水經地熱加熱後，從裂開的地面噴出的熱水，包含各種溫泉與間歇泉。本書特指位於深海海底的「海底熱泉」。

## 激素
僅作用在特定器官的微量化學物質。由內分泌腺製造，可透過血液與體液循環全身，抵達目標器官。

## 轉位子
從某個染色體轉移到另一個染色體的基因單位，也稱為轉座子。

## 離子通道
受刺激時，可讓特定離子通過的膜蛋白開口。離子指的是擁有正電荷、負電荷的原子（或分子）。

## 羅倫茲
澳洲動物行為學家，確立近代動物行為學的科學家。說明了鳥類的「印痕」現象，即「鳥類會將孵化後第一個看到的東西視為母親」。

## 纖維素
細胞壁的主成分。

# Index

## A～Z

| | |
|---|---|
| ADP | 35 |
| ATP | 36 |
| ATP合成酶 | 37 |
| B細胞 | 61,63 |
| DNA | 88,90 |
| DNA甲基化 | 88,90 |
| DNA聚合酶 | 53,101 |
| DNA雙螺旋結構 | 106 |
| mRNA | 92,94,96 |
| NK細胞 | 63 |
| PCR | 106 |
| RNA世界假說 | 96 |
| RNA剪接 | 93,95 |
| RNA聚合酶 | 188 |
| SRY基因 | 118 |
| tRNA | 98 |
| tTAV | 124 |

## 一畫

| | |
|---|---|
| 乙醇 | 38 |
| 乙醛 | 38 |

## 二畫

| | |
|---|---|
| 二母性小鼠 | 115 |
| 二名法 | 14 |
| 人類基因體 | 104 |
| 八目鰻類 | 13 |

## 三畫

| | |
|---|---|
| 三磷酸腺苷 | 36 |
| 大型寄生物 | 166 |
| 大陸地殼 | 181 |
| 大滅絕 | 196 |
| 大腸桿菌 | 16 |
| 大鳳蝶 | 177 |
| 子宮 | 50 |
| 小菜蛾 | 168 |
| 山羌 | 178 |

## 四畫

| | |
|---|---|
| 中心法則 | 92 |
| 中間宿主 | 167 |
| 中樞神經 | 68 |
| 互利共生 | 164 |
| 內含子 | 96 |
| 分化 | 52 |
| 分離律 | 82 |
| 切葉蟻 | 160 |
| 化學合成 | 40 |
| 化學演化 | 184 |
| 友釣法 | 156 |
| 反密碼子 | 99 |
| 天生行為 | 76 |
| 天敵 | 168 |
| 天擇 | 134 |
| 太陽羅盤 | 76 |
| 引子 | 106 |
| 引誘 | 169 |
| 日本巨山蟻 | 160 |
| 毛細現象 | 75 |
| 水牛 | 165 |
| 水平傳播 | 122 |

## 五畫

| | |
|---|---|
| 水田 | 175 |
| 水蚤 | 111 |
| 水晶體蛋白 | 102 |
| 水獺 | 173 |
| 爪哇猿人 | 198 |
| 片利共生 | 164 |
| 牛羚 | 150 |

| | |
|---|---|
| 丙酮酸 | 35 |
| 世界爺 | 74 |
| 代謝 | 187 |
| 出芽 | 113 |
| 加拉巴哥群島 | 134 |
| 功能 | 11 |
| 北京猿人 | 198 |
| 北極熊 | 176 |
| 去氧核糖核酸 | 88 |
| 去氧核糖核苷酸 | 90 |
| 古細菌 | 17, 33 |
| 四環黴素 | 124 |
| 外來種 | 178 |
| 外顯子 | 96 |
| 巨核細胞 | 61 |
| 巨海帶 | 172 |
| 巨噬細胞 | 61, 63 |
| 巧人 | 198 |
| 弗萊明 | 84 |
| 未分化性腺 | 118 |
| 瓦耳夫氏管 | 118 |
| 甘油 | 72 |
| 生物多樣性 | 174 |
| 生物學 | 8 |
| 生殖器 | 50 |
| 生態系 | 170 |
| 生態系工程師 | 173 |
| 生態系多樣性 | 8, 175 |
| 生態系服務 | 174 |
| 生態棲位 | 144 |
| 甲狀腺 | 71 |
| 甲基化 | 53, 101 |
| 白煙囪 | 185 |

## 六畫

| | |
|---|---|
| 光合作用 | 30 |
| 先天性免疫 | 62 |
| 全球暖化 | 176 |

| | | | | | | |
|---|---|---|---|---|---|---|
| 全潛能性 | 52 | 抗利尿素 | 70 | 前紅血球母細胞 | 61 |
| 共生生活 | 193 | 沙丁魚 | 151 | 哈溫平衡 | 131 |
| 共衍徵 | 13 | 沃科特 | 80 | 封閉循環系統 | 58 |
| 吉爾伯特 | 188 | 系統樹 | 12 | 幽門螺旋桿菌 | 166 |
| 同化 | 187 | 肝醣 | 42 | 後天行為 | 76 |
| 同卵雙胞胎 | 80, 101 | 角蛋白 | 102 | 後天性免疫 | 62 |
| 同時雌雄同體 | 120 | 里山 | 175 | 恆定性 | 64 |
| 同源基因 | 56 | 防禦物質 | 168 | 染色質 | 84 |

**八畫**

| | | | | | | |
|---|---|---|---|---|---|---|
| 地下生物 | 180 | | | 染色體 | 84 |
| 地函 | 181 | 兩生類 | 13 | 皇帝企鵝 | 151 |
| 多配偶制 | 155 | 刺胞動物門 | 194 | 突變 | 133 |
| 多細胞生物 | 28 | 受精卵 | 50, 54 | 背斑高身雀鯛 | 157 |
| 多肽的加工 | 100 | 呼吸 | 34 | 胞內消化 | 72 |
| 有性生殖 | 111, 114 | 周邊神經 | 68 | 胞外消化 | 72 |
| 有氧呼吸 | 35, 38 | 孟德爾 | 82 | 胞毒T細胞 | 60, 62, 63 |
| 有絲分裂 | 86 | 孟德爾定律 | 82 | 苗勒氏管 | 118 |
| 朱鷺 | 178 | 孤雌生殖 | 111, 115 | 重複序列 | 104 |
| 次級雄性 | 120 | 屈公病 | 124 | 食泡 | 73 |
| 米勒 | 184 | 性別決定 | 116 | 香魚 | 156 |
| 肌動蛋白 | 103 | 性別轉換 | 120 | | |
| 肌凝蛋白 | 103 | 性擇 | 136 | **十畫** | |
| 自我限制基因 | 124 | 果蠅 | 56, 84 | | |
| 自我複製 | 19 | 林奈 | 14 | 原子 | 20 |
| 自花授粉 | 163 | 林岩鷚 | 154 | 原生生物 | 17 |
| 自然殺手細胞 | 63 | 松果體 | 71 | 原始地球 | 184 |
| 色覺受器 | 146 | 松鼠 | 163 | 原始的膜 | 187 |
| 色覺基因 | 146 | 河狸 | 173 | 原核細胞 | 32 |
| 血小板 | 61 | 炎性T細胞 | 60 | 哺乳類 | 13 |
| 血紅素 | 102 | 爬行類 | 13 | 埃及斑蚊 | 124 |
| 血淋巴 | 58 | 物種多樣性 | 8, 175 | 捕食者 | 150 |
| 血漿 | 60 | 物種起源 | 142 | 核糖體 | 98 |
| 西表山貓 | 175 | 盲鰻類 | 13 | 核苷酸 | 90 |
| | | 直立人 | 198 | 栽培 | 160 |

**七畫**

| | | | | | | |
|---|---|---|---|---|---|---|
| | | 直立雙足步行 | 198 | 氣候變遷 | 176 |
| 位置相關的性別決定 | 116 | 肺魚類 | 13 | 消化 | 72 |
| 伴生行為 | 164 | 虎克 | 24 | 海水魚 | 64 |
| 克氏雙鋸魚 | 120 | 初級雄性 | 120 | 海底熱泉 | 40, 185 |
| 克里克 | 90 | 近因 | 11 | 海洋地殼 | 181 |
| 克隆 | 110 | 長印魚 | 165 | 海葵 | 72, 110, 112 |
| 免疫系統 | 60 | 長尾寡婦鳥 | 137 | 海綿動物門 | 194 |
| 利己 | 158 | 阿米巴原蟲 | 112 | 海獺 | 172 |
| 利他 | 159 | 非編碼 | 104 | 畜牧 | 160 |
| 卵 | 50 | 肽聚醣 | 32 | 病毒 | 18 |
| 卵巢 | 50 | | | 真核生物 | 17 |
| 卵裂 | 50 | **九畫** | | 神經 | 68 |
| 吞噬 | 46 | | | 神經元 | 66, 68 |
| 廷伯根 | 11 | 保護傘物種 | 172 | 神經細胞 | 66, 68 |
| | | | | 紋白蝶 | 169 |

| | |
|---|---|
| 胸腺 | 60, 63 |
| 能量流動 | 170 |
| 草原榛雞 | 138 |
| 草履蟲 | 28, 73 |
| 茲卡熱 | 124 |
| 蚜蟲 | 115 |
| 配偶制度 | 154 |
| 馬古利斯 | 193 |
| 馬兜鈴 | 163 |
| 骨髓 | 60 |
| 骨髓母細胞 | 61 |
| 鬼蝠魟 | 165 |
| 胺基酸 | 72 |

**十一畫**

| | |
|---|---|
| 假肽聚醣 | 32 |
| 剪接體 | 96 |
| 動物行為學 | 10 |
| 動物細胞 | 24, 29 |
| 域 | 17 |
| 基本結構 | 56 |
| 基因 | 92 |
| 基因多樣性 | 8, 175 |
| 基因流動 | 140 |
| 基因重組蚊 | 124 |
| 基因重複 | 133, 147 |
| 基因家族 | 146 |
| 基因頻率 | 128 |
| 基因體 | 104 |
| 基因體重複 | 133 |
| 寄生 | 166 |
| 密碼子 | 98 |
| 彩蚴吸蟲 | 166 |
| 條鰭魚類 | 13 |
| 氫鍵 | 74, 91 |
| 氫離子 | 35 |
| 淡水魚 | 64 |
| 淋巴節 | 63 |
| 淋巴管 | 63 |
| 混交制 | 155 |
| 瓶頸效應 | 139 |
| 異化 | 187 |
| 眼蟲 | 28 |
| 粒線體 | 35, 36, 193 |
| 粒線體基質 | 36 |
| 細胞 | 24 |
| 細胞內共生學說 | 192 |

| | |
|---|---|
| 細胞分裂 | 44 |
| 細胞凋亡 | 46 |
| 細胞膜 | 26 |
| 細胞壁 | 30 |
| 細菌 | 16, 32 |
| 組蛋白修飾 | 53 |
| 蛋白質 | 102 |
| 軟骨魚類 | 13 |
| 造血幹細胞 | 60 |
| 透明帶 | 50 |
| 章魚 | 58, 153 |

**十二畫**

| | |
|---|---|
| 創始者效應 | 139 |
| 單配偶制 | 155 |
| 單細胞生物 | 28 |
| 寒武紀 | 194 |
| 寒武紀大爆發 | 194 |
| 循環系統 | 58 |
| 斑胸草雀 | 76 |
| 智人 | 199 |
| 智能 | 152 |
| 棲位 | 144 |
| 棲息地破壞 | 178 |
| 植物細胞 | 30 |
| 減數分裂 | 87 |
| 渦蟲 | 68 |
| 無性生殖 | 110, 112 |
| 無氧呼吸 | 35 |
| 登革熱 | 124 |
| 發酵 | 38 |
| 等位基因 | 128 |
| 紫背椋鳥 | 176 |
| 腔棘魚類 | 13 |
| 腎上腺 | 71 |
| 腎上腺素 | 42 |
| 華生 | 21, 90 |
| 著床 | 50 |
| 裂唇魚 | 164 |
| 視桿細胞 | 147 |
| 視錐細胞 | 147 |
| 軸突 | 66 |
| 開放循環系統 | 58 |
| 隆頭魚 | 121 |
| 雄性先熟 | 120 |
| 雄異配子型 | 116 |
| 黃頭鷺 | 164 |

| | |
|---|---|
| 黑小灰蝶 | 160 |
| 黑高身雀鯛 | 161 |
| 黑猩猩 | 198 |
| 黑煙囪 | 185 |

**十三畫**

| | |
|---|---|
| 傳訊 RNA | 94 |
| 催產素 | 70 |
| 嗜中性球 | 61 |
| 嗜酸性球 | 61 |
| 嗜酸性球 | 63 |
| 圓環病毒 | 18 |
| 塞普考斯基 | 196 |
| 塞爾托利氏細胞 | 51 |
| 微小寄生物 | 166 |
| 微管 | 44 |
| 感覺神經元 | 66 |
| 溶體 | 73 |
| 滅絕漩渦 | 178 |
| 煙囪 | 40 |
| 睪丸 | 51 |
| 群聚 | 150 |
| 腦垂腺 | 71 |
| 葉綠素 | 30 |
| 葉綠餅 | 31 |
| 葉綠體 | 30 |
| 葉綠體基質 | 31 |
| 葡萄糖 | 30, 35 |
| 跳蚤 | 166 |
| 運輸蛋白 | 27 |
| 達爾文 | 142 |
| 達爾文雀 | 134 |
| 電子傳遞鏈 | 35 |

**十四畫**

| | |
|---|---|
| 孵化囊 | 167 |
| 演化 | 128 |
| 演化論 | 142 |
| 瘧原蟲 | 133 |
| 碳循環 | 170 |
| 種小名 | 14 |
| 精子 | 50 |
| 綠膿桿菌 | 110 |
| 聚合酶連鎖反應 | 106 |
| 蜜蜂 | 162 |
| 裸鼴鼠 | 158 |
| 認知 | 152 |

誘導間接防衛　169
赫希　88
輔助T細胞　60, 63
遠因　11
酵母菌　38
雌性先熟　120
雌異配子型　116
雌雄同體　121
領域　156
蜱蟎　166

## 十五畫

摩根　84
漿細胞　61, 63
編碼　104
編輯　96
線蟲　180
膜間腔　37
膠原蛋白　103
蔡斯　88
蝸牛　166
調節T細胞　63
適應輻射　144

## 十六畫

噬菌體　18
學名　14
樹突細胞　63
樹突棘　66
機制　10

激素　70
獨立分配律　82
糖解作用　35
親緣度　158
親緣選擇　159
輸卵管壺腹　50
遺傳密碼　104
遺傳密碼表　99
遺傳漂變　138

## 十七畫

擬病毒　18
櫛板動物門　194
濫捕　178
營養繁殖　113
磷脂　186
總括適應度　159
聯絡神經元　66
薛丁格　21

## 十八畫

檸檬酸循環　35
藍孔雀　136
藍氏鯽　115
藍菌　190
轉位子　133
轉錄　92
轉譯　92, 100
離子通道　26
雙向性別轉換　120

## 十九畫

壞死　46
羅倫茲　76
關鍵物種　172
類囊體　31

## 二十一畫

屬名　14
櫻花　177
鐮形紅血球　133

## 二十二畫

疊層石　190

## 二十三畫

纖維素　30
變異　80
顯性律　82
體型呈現　56

## 二十四畫

鹼基對　90
鹽度　64

Index

索引

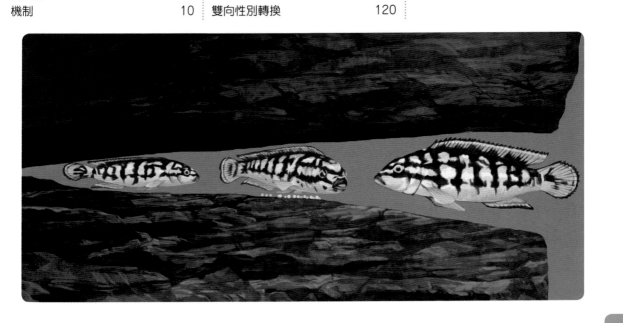

205

## Staff

| | | | |
|---|---|---|---|
| Editorial Management | 木村直之 | Design Format | 三河真一（株式会社ロッケン） |
| Editorial Staff | 中村真哉，矢野亜希 | DTP Operation | 阿万 愛 |
| Editorial Collaboration | 大西信弘（京都先端科学大学） | | |
| Writer | 小野寺佑紀（レカポラ編集舎） | | |

## Photograph

| | |
|---|---|
| 10-11 | moto_cmp/stock.adobe.com |
| 15 | （トラ）valeriyap/stock.adobe.com，（ライオン）Photocreo Bednarek/stock.adobe.com，（ヒョウ）kuzmichstudio/stock.adobe.com，（ネコ）New Africa/stock.adobe.com |
| 22-23 | Anusorn/stock.adobe.com |
| 33 | （温泉）f11photo/stock.adobe.com，（ポリメラーゼ）molekuul.be/stock.adobe.com， |
| 39 | lena_zajchikova/stock.adobe.com |
| 46 | Peter Freiman/stock.adobe.com |
| 48-49 | showcake/stock.adobe.com |
| 58-59 | （タコ）diveivanov/stock.adobe.com，（二枚貝）mimi@TOKYO/stock.adobe.com，（ヒドラ）sinhyu/stock.adobe.com |
| 70-71 | （チョウ）mathisa/stock.adobe.com，（サル）yakkoijfc/stock.adobe.com，（人体図）nicolasprimola/stock.adobe.com |
| 72-73 | （イソギンチャク）kgrif/stock.adobe.com，（クマ）andreanita/stock.adobe.com，（ゾウリムシ）tonaquatic/stock.adobe.com |
| 76 | tom/stock.adobe.com |
| 78-79 | lokuukan/stock.adobe.com |
| 81 | pirotehnik/stock.adobe. |
| 107 | sinhyu/stock.adobe.com |
| 110-111 | （ライオン）Eric Isselée/stock.adobe.com，（ミツバチ）Alekss/stock.adobe.com，（ミジンコ）buru/stock.adobe.com，（イソギンチャク）cherylvb/stock.adobe.com，（緑膿菌）cassis/stock.adobe.com |
| 113 | （サンゴイソギンチャク）Noriyuki/stock.adobe.com，（ムカゴ）誠 吉岡/stock.adobe.com |
| 114-115 | （イヌ）studio Hoto/stock.adobe.com，（アブラムシ）iwao/stock.adobe.com，（ギンブナ）Paylessimages/stock.adobe.com |
| 116 | （シカ）anankkml/stock.adobe.com，（ニワトリ）voren1/stock.adobe.com |
| 121 | （花）Aveyasuhiro/stock.adobe.com，（実）Kichi/stock.adobe.com |
| 122-123 | （鳥）hirohisa/stock.adobe.com，（ウイルス）Feydzhet Shabanov/stock.adobe.com |
| 124 | tacio philip/stock.adobe.com |
| 136-137 | lastpresent/stock.adobe.com，cynoclub/stock.adobe.com, fotomaster/stock.adobe.com |
| 138-139 | Richard & Susan Day/Danita Delimont/stock.adobe.com |
| 148-149 | cynoclub/stock.adobe.com |
| 150-151 | （ヌー）gudkovandrey/stock.adobe.com，（イワシ）Andrea Izzotti/stock.adobe.com，（ペンギン）Sergey/stock.adobe.com |
| 153 | （タコ）zhekkka/stock.adobe.com |
| 156-157 | （アユ）petreltail/stock.adobe.com，（友釣り）安ちゃん/stock.adobe.com，（釣人）義美前田/stock.adobe.com |
| 159 | belizar/stock.adobe.com |
| 160-161 | （ハキリアリ）Marcel/stock.adobe.com，（オオクロアリ）写真：学研/アフロ，（クロソラスズメダイ）増原碩之 |
| 162-163 | （ミツバチ）schankz/stock.adobe.com，（リス）makieni/stock.adobe.com，（ウマノスズクサ）ogawaay/stock.adobe.com |
| 164-165 | （ホンソメワケベラ）Daniel Lamborn/stock.adobe.com，（スイギュウ）riduan rizal ahmad/EyeEm/stock.adobe.com，（オニイトマキエイ）miya33/stock.adobe.com，（樹木）atwood/stock.adobe.com |
| 166-167 | （胃の顕微鏡画像）David A Litman/stock.adobe.com，（ノミ）Mi St/stock.adobe.com，（ダニ）andriano_cz/stock.adobe.com，（ロイコクロリディウム）中尾 稔 |
| 173 | （カワウソ）Composer/stock.adobe.com，Mateusz/stock.adobe.com，（ビーバー）dpep/stock.adobe.com，Gail Johnson/stock.adobe.com |
| 174 | omune/stock.adobe.com |
| 176-177 | （コムクドリ）askaflight/stock.adobe.com，（ホッキョクグマ）Alexey Seafarer/stock.adobe.com，（ナガサキアゲハ）FUJIOKA Yasunari/stock.adobe.com，（サクラ）UbjsP/stock.adobe.com |
| 178 | （森林）Marcio Isensee e Sá/stock.adobe.com，（トキ）Naoki Nishio/stock.adobe.com，（キョン）環境省提供 |
| 181 | （微生物）H. Imachi, F. Inagaki, and JAMSTEC |
| 182-183 | chacomaru/stock.adobe.com |
| 190 | lhatove_inc/stock.adobe.com |

## Illustration

| | | | |
|---|---|---|---|
| Cover Design | 三河真一（株式会社ロッケン） | 108-109 | 重・治 |
| 6-7 | Newton Press | 112〜121 | Newton Press |
| 8-9 | Newton Press，黒田清桐 | 125 | Roi_and_Roi/stock.adobe.com |
| 13 | Newton Press | 126-127 | Marina Gorskaya/stock.adobe.com |
| 14 | Newton Press | 128〜135 | Newton Press |
| 16〜21 | Newton Press | 137 | Newton Press |
| 24〜37 | Newton Press | 139 | Newton Press |
| 38-39 | 羽田野乃花 | 140-141 | Newton Press |
| 40〜47 | Newton Press | 142 | 岡本三紀夫 |
| 50〜53 | Newton Press | 143 | 山本 匠 |
| 54-55 | 矢田 明 | 144-145 | 山本 匠 |
| 56-57 | 荻野瑶海 | 146-147 | 富﨑 NORI |
| 58-59 | 羽田野乃花 | 152-153 | Newton Press |
| 60-61 | 月本事務所（AD：月本佳代美，3D監修：田内かほり） | 154-155 | 黒田清桐 |
| | | 157-158 | Newton Press |
| 62-63 | 月本事務所（AD：月本佳代美，3D監修：田内かほり），（右上図）Newton Press | 163 | Newton Press |
| | | 166-167 | （ヘリコバクターピロリ）Tatiana Shepeleva/stock.adobe.com，（寄生サイクル）羽田野乃花 |
| 64-65 | 羽田野乃花 | | |
| 66-67 | Newton Press | | |
| 68-69 | （ニューロン，人体）Newton Press，（プラナリア）Newton Press（羽田野乃花加筆） | 168-169 | 木下真一郎 |
| | | 170〜172 | Newton Press |
| 72-73 | 羽田野乃花 | 174-175 | Newton Press |
| 74-75 | Newton Press | 178-179 | 羽田野乃花 |
| 77 | 佐藤蘭名 | 180-181 | （地球）山本 匠，（地殻）Newton Press |
| 80-81 | Newton Press | 184〜193 | Newton Press |
| 82-83 | Newton Press，（メンデル）黒田清桐 | 194-195 | 小林 稔 |
| 84〜105 | Newton Press | 196-197 | Newton Press/黒田清桐/藤井康文 |
| 106-107 | 羽田野乃花 | 198-199 | Newton Press |

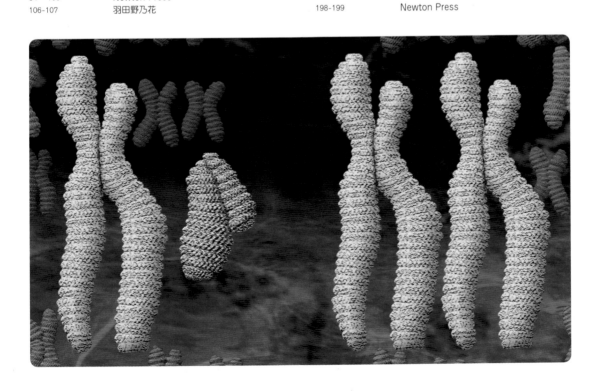

Galileo 科學大圖鑑系列 07

VISUAL BOOK OF THE BIOLOGY

# 生物大圖鑑

作者／日本 Newton Press

特約主編／王原賢

翻譯／陳朕疆

編輯／林庭安

發行人／周元白

出版者／人人出版股份有限公司

地址／231028新北市新店區寶橋路235巷6弄6號7樓

電話／(02)2918-3366（代表號）

傳真／(02)2914-0000

網址／www.jjp.com.tw

郵政劃撥帳號／16402311人人出版股份有限公司

製版印刷／長城製版印刷股份有限公司

電話／(02)2918-3366（代表號）

經銷商／聯合發行股份有限公司

電話／(02)2917-8022

香港經銷商／一代匯集

電話／(852)2783-8102

第一版第一刷／2022年1月

第一版第二刷／2022年8月

定價／新台幣630元

港幣210元

國家圖書館出版品預行編目資料

生物大圖鑑 / Visual book of the biology/
日本 Newton Press 作；
陳朕疆翻譯. -- 第一版. -- 新北市：
人人出版股份有限公司, 2022.01
面；　公分. -- (Galileo 科學大圖鑑系列)
（伽利略科學大圖鑑；7）
ISBN 978-986-461-271-0（平裝）
　1. 生命科學

360　　　　　　　　　　110019811

NEWTON DAIZUKAN SERIES SEIBUTSU DAIZUKAN
© 2021 by Newton Press Inc.
Chinese translation rights in complex characters
arranged with Newton Press
through Japan UNI Agency, Inc., Tokyo
www.newtonpress.co.jp